国家出版基金资助项目

俄罗斯数学经典著作译丛

积分学理论

JIFENXUE LILUN

〔苏〕Л.Д.鲁金 著

《积分学理论》翻译组 译

哈尔滨工业大学出版社

HARBIN INSTITUTE OF TECHNOLOGY PRESS

内 容 简 介

本书主要介绍了复数、复变量、复变函数、微分方程、重积分、线积分、傅里叶级数、C. A. 恰普雷金院士的微分方程近似积分法等知识,其中着重介绍了重积分及其在几何学中的应用,同时配有相应的例题及解答.

本书适合高等院校数学专业师生和数学爱好者参考阅读.

图书在版编目(CIP)数据

积分学理论/(苏)H. H. 鲁金著;《积分学理论》
翻译组译. —哈尔滨:哈尔滨工业大学出版社,
2024.8. —(俄罗斯数学经典著作译丛). —ISBN
978-7-5767-1613-9

Ⅰ.O172.2

中国国家版本馆 CIP 数据核字第 202474LY22 号

策划编辑 刘培杰 张永芹
责任编辑 刘家琳
封面设计 孙茵艾
出版发行 哈尔滨工业大学出版社
社 址 哈尔滨市南岗区复华四道街 10 号 邮编 150006
传 真 0451－86414749
网 址 http://hitpress.hit.edu.cn
印 刷 辽宁新华印务有限公司
开 本 787 mm×1 092 mm 1/16 印张 11.25 字数 214 千字
版 次 2024 年 8 月第 1 版 2024 年 8 月第 1 次印刷
书 号 ISBN 978-7-5767-1613-9
定 价 58.00 元

目

录

3

复数,复变量及复变函数

§1　复数的算术及代数

复数是像

$$a + ib \qquad\qquad (1)$$

这种形式的式子,其中 a 及 b 是任意实数,字母 i 表示所谓虚单位 $\sqrt{-1}$ 这个记号

$$i = \sqrt{-1} \qquad\qquad (2)$$

数 a 叫作复数 $a+ib$ 的实部,数 b 叫作复数的虚部,i 叫作虚数单位.

复数 $a+ib$ 适合实数所适合的一切代数及算术运算.其中复数可以相加、相减、相乘及相除,在做所有这些运算时,字母 i 都像实数那样处理,但在最后的结果中,应该记住把字母 i 的平方换成负的实数单位 -1,就是说,在做出的运算及最后的结果中,处处应设

$$i^2 = -1 \qquad\qquad (3)$$

这里,i^3 就应该换成 $-i$,因 $i^3 = i^2 i = -1 \cdot i = -i$,又 i^4 应直接换成 1,因

$$i^4 = i^2 \cdot i^2 = (-1)(-1) = 1$$

其余类推.

复数的加法　根据上面所讲的法则,复数相加的做法如下

$$(a + ib) + (a' + ib') = a + ib + a' + ib' = (a + a') + i(b + b')$$

最后得

$$(a + ib) + (a' + ib') = (a + a') + i(b + b') \qquad (\text{I})$$

复数的减法　应用上面所讲的法则,我们同样有

$$(a + ib) - (a' + ib') = a + ib - a' - ib' = (a - a') + i(b - b')$$

最后得

$$(a + ib) - (a' + ib') = (a - a') + i(b - b') \qquad (\text{II})$$

复数的乘法　完全引用上述法则,得

$$(a + ib) \cdot (a' + ib') = aa' + iab' + ia'b + i^2 bb' =$$
$$aa' + iab' + ia'b - bb' =$$
$$(aa' - bb') + i(ab' + a'b)$$

最后得

$$(a + ib) \cdot (a' + ib') = (aa' - bb') + i(ab' + a'b) \qquad (\text{III})$$

复数的除法略为复杂些,为了使它容易得出,应该引入两个重要的概念.

1. 共轭复数.

两个复数,若只有 i 之前的正负号相异,叫作共轭复数.

这样,两个复数 $a + ib$ 及 $a - ib$ 是共轭的.

共轭复数之所以重要,在于其乘积为一个正数.

为证明这件事,只要在两个复数乘积的公式(III)中,令 $a' = a, b' = -b$. 我们显然就得到

$$(a + ib)(a - ib) = a^2 + b^2 \qquad (4)$$

2. 复数的绝对值或模.

设 $a + ib$ 为任意复数. 非负数

$$\sqrt{a^2 + b^2}$$

称为该复数的绝对值或模,这里根号恒取算术意义,也就是恒取正值.

我们用符号 $|a + ib|$ 表示复数 $a + ib$ 的绝对值(或模),因此有

$$|a + ib| = \sqrt{a^2 + b^2} \qquad (5)$$

这里根号取算术意义.

显然,当且仅当同时有 $a = 0$ 及 $b = 0$ 时,模 $|a + ib|$ 才会等于 0. 故当 $|a + ib| = 0$ 时,就表示 $a = 0$ 及 $b = 0$,也就是 $a + ib = 0$. 这样,当且仅当复数等于 0 时,其模才等于 0.

最后,我们注意,把复数 $a + ib$ 的模称为复数 $a + ib$ 的绝对值,并用符号

$|a+ib|$ 来记,并不是随便规定的.因为当 $b=0$ 时,复数 $a+ib$ 就变为实数 a,这时 $|a+ib|=\sqrt{a^2+0^2}=\sqrt{a^2}=|a|$,也就是,等于实数 a 的绝对值.

这样,模 $|a+ib|$ 是比实数 a 的绝对值 $|a|$ 更一般的一个概念.

复数的除法 求两个复数 $a+ib$ 及 $a'+ib'$ 的商 $\dfrac{a'+ib'}{a+ib}$ 时,我们用分母的共轭复数 $a-ib$ 来乘分子、分母.首先应当申明,不能用零来除,因此须先假定分母 $a+ib$ 不等于零.这就表示分母的模 $|a+ib|=\sqrt{a^2+b^2}$ 是一个不等于零的正数.

我们有

$$\frac{a'+ib'}{a+ib}=\frac{(a'+ib')(a-ib)}{(a+ib)(a-ib)}=\frac{(aa'+bb')+i(ab'-a'b)}{a^2+b^2}$$

即有

$$\frac{a'+ib'}{a+ib}=\frac{aa'+bb'}{a^2+b^2}+i\frac{ab'-a'b}{a^2+b^2} \qquad (\text{Ⅳ})$$

公式(Ⅳ)指出:只要分母不是零,两个复数的比仍是一个复数.与实数的情形一样,这里也不能用零作除数.

由公式(Ⅰ)(Ⅱ)(Ⅲ)(Ⅳ)所得的总的结论,所有四个算术运算,施行在复数之间,结果仍得一个复数.在特殊情形下,这个结果也可能是实数.

由于在计算时,虚数单位 i 可以像实数那样来处理,只不过在计算过程及其结果中要用 -1 代替 i^2,因此算术上及代数上的所有定理都可以推广到复数上.特别是,复数的乘积 $\alpha \cdot \beta \cdot \gamma \cdots \cdot \mu$,当且仅当其因子之一是零时,乘积才等于零.

最后,我们注意,由公式(Ⅰ)(Ⅱ)(Ⅲ)(Ⅳ)可得下面的重要推论.

若在复数的和、差、乘积及商中,把每个复数分别换成它的共轭数,则所得的前后两个结果也是共轭的.这就是说,在复数的每个关系式中,如果只含四个算术运算,那么恒可以用 $-i$ 置换 i.

§2 复数的几何表示法

我们知道,每一个实数都可用直线上的一个点 M 表示.反过来说,我们又知道,直线上的每一个点 M 都代表了某个实数 a,而该实数则称为点 M 的横坐标(图1).点 M 的横坐标是个抽象实数,表示用单位长度所量得的有向线段 $\overrightarrow{OM}$ 的长.

图 1

同样，每一个复数 $a+ib$ 可以用平面上一点 $M(a,b)$ 表示，该点的横坐标及纵坐标分别为实数 a 及 b；反过来说，平面上以实数 a 为横坐标，以实数 b 为纵坐标的点 M，表示复数 $a+ib$(图 2).

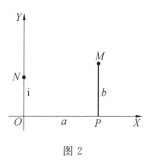

图 2

仿照以前的说法，这个复数 $a+ib$ 称为点 M 的附着数. 这样，每一个复数 $a+ib$ 都是平面 XOY 上唯一的、完全确定了的一个点 M 的附着数，而平面 XOY 上的每一个点 $M(a,b)$ 也都以复数 $a+ib$ 为它的附着数.

若点 M 位于水平的坐标轴 OX 上，则这种点 M 的附着数是一个实数 a，因为在这种情形下 $b=0$，所以横坐标轴 OX 称为实数轴，简称实轴. 同样，当点 M 位于纵坐标轴 OY 上时，点 M 的附着数是一个纯虚数 ib，因为在这种情形下 $a=0$，所以，纵坐标轴称为虚数轴，简称虚轴. 纵坐标上离原点 O 为单位长且在点 O 上方的点 N，具有附着数 i. 原点的附着数则为零.

如果我们用直线段联结点 M 及原点 O，那么得到一个矢量 $\overrightarrow{OM}$，从点 O 朝向点 M(图 3).

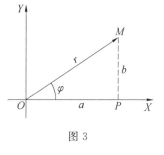

图 3

$\overrightarrow{OM}$ 这个矢量，与它的端点 M 一样，都可以在几何上表示复数 $a+ib$.

读者可看到，实际上，实数也是可以用两种方法来表示的：用点 M(图 1)或用有向线段(也就是矢量)$\overrightarrow{OM}$. 假若实数 a 是正数，则点 M 在原点 O 的右边，OX 轴上的矢量 $\overrightarrow{OM}$ 就具有 OX 轴的正方向；假若实数 a 是负数，则点 M 在原点 O 的左边，矢量 $\overrightarrow{OM}$ 在 OX 轴上，但朝着该轴的负方向.

实数 a 的绝对值 $|a|$ 是点 M 到点 O 的距离，无论何时总是正的，也就是，总是作为矢量 $\overrightarrow{OM}$ 的长.

在复数 $a+ib$ 的情形下，矢量 $\overrightarrow{OM}$ 已不在 OX 轴上而在平面上了. 我们用 r 表示它的长，用 φ 表示它与 OX 正半轴的倾角. 由 Rt$\triangle OPM$，我们得出大家都知道的，由直角坐标 a,b 变到极坐标 r,φ 的正变换公式

$$a=r\cos\varphi, b=r\sin\varphi \tag{1}$$

及其逆变换公式(即由极坐标变到直角坐标的公式)

$$r=\sqrt{a^2+b^2},\varphi=\arctan\frac{b}{a} \tag{2}$$

由于函数 arctan 是多值函数,因此在求 φ 时,应该有一个限制. φ 总是依正方向(逆时针方向)来量的,就是说,依一段正的 OX 轴转到矢量 $\overrightarrow{OM}$ 的位置来量的. 若这个角是 φ,则当一段正的 OX 轴以逆时针方向连续几次转过矢量 $\overrightarrow{OM}$ 的位置时,φ 的其余数值是 $\varphi+2\pi,\varphi+4\pi$ 等;当一段正的 OX 轴以顺时针方向连续几次转过矢量 $\overrightarrow{OM}$ 的位置时,φ 的其余数值是 $\varphi-2\pi,\varphi-4\pi$ 等.角 φ 称为复数 $a+ib$ 的辐角.

至于矢量 $\overrightarrow{OM}$ 的长 r 的意义,从公式(2)的第一个式子就可以看出:它就是复数 $a+ib$ 的模,就是说,我们有

$$|a+ib|=r \tag{3}$$

等式(3)值得注意,不仅因为根据该等式,可知复数的模是实数绝对值概念的自然推广,而且因为从该等式可推出关于模的一系列的定理. 为推出这点,首先我们来看看复数间的四种算术运算的几何意义.

加法 由 §1 公式(Ⅰ)

$$(a+ib)+(a'+ib')=(a+a')+i(b+b')$$

在 XOY 平面上,作矢量 $\overrightarrow{OM}$ 及 $\overrightarrow{OM'}$ 来表示两个复数 $a+ib$ 及 $a'+ib'$,点 M 的坐标为 (a,b),点 M' 的坐标为 (a',b')(图 4).

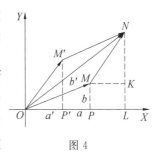

图 4

如果我们像力学中对待力那样来对待矢量 $\overrightarrow{OM}$ 及 $\overrightarrow{OM'}$,也就是,如果按照平行四边形法则来把它们相加或相减,那么在求矢量 $\overrightarrow{OM}$ 及 $\overrightarrow{OM'}$ 之和时,我们应在第一个矢量 $\overrightarrow{OM}$ 的端点连上一个矢量 $\overrightarrow{MN}$,使 $\overrightarrow{MN}=\overrightarrow{OM'}$. 这时, 矢量 $\overrightarrow{ON}$ 就是矢量 $\overrightarrow{OM}$ 及 $\overrightarrow{OM'}$ 的几何和.

显然,$OP'=MK=PL,PM=LK,P'M'=KN,OL=a+a'$ 及 $LN=b+b'$. 随之,结果所得的矢量 $\overrightarrow{ON}$,也就是以矢量 $\overrightarrow{OM}$ 及 $\overrightarrow{OM'}$ 为边所作平行四边形的对角线,就是两复数之和的几何形式.

这样,当两个复数 $a+ib$ 及 $a'+ib'$ 用两个矢量来表示时,求它们的和,应该按平行四边形法则求它们的几何和,于是平行四边形的对角线,就是表示和 $(a+ib)+(a'+ib')$ 的矢量.

显然,这个法则可以推广到任意有限个复数的和

$$(a+ib)+(a'+ib')+(a''+ib'')+(a'''+ib''')$$

假若和的每一项都用矢量表示,依次将每个矢量的端点连上后一个矢量的起点,如图 5 所示,则在连上最后一个矢量 $a'''+ib'''$ 之后,就得到一点 S,其附着

数即为所给各复数的和.事实上,最后所得矢量
$\overrightarrow{OS}$ 在 OX 轴上的射影,显然是所给各矢量在
OX 轴上的射影的和 $a+a'+a''+a'''$,而 $\overrightarrow{OS}$ 在
OY 轴上的射影,是所给各矢量在 OY 轴上的射
影的和 $b+b'+b''+b'''$.

图 5

由于直线路径 OS 显然比线段 $OM,MN,$
NP,PS 所组成的折线路径短,因此各复数之和
的模小于其模之和.

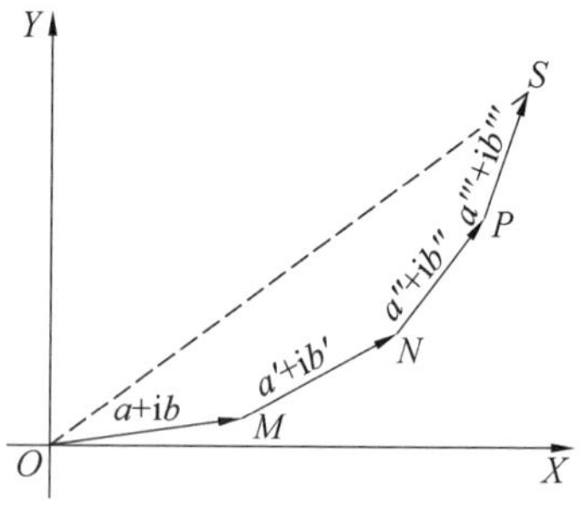

随之,若所给复数为 $\alpha,\beta,\gamma,\delta$,则有不等式
$$|\alpha+\beta+\gamma+\delta|\leqslant|\alpha|+|\beta|+|\gamma|+|\delta| \qquad (4)$$
这里,当且仅当 $\alpha,\beta,\gamma,\delta$ 都在通过点 O 的同一条直线上,且朝同一方向时,等号
才成立.因为这时,线段 OS 等于 OM,MN,NP,PS 各线段之和.

公式(4)再一次指出:复数 $a+ib$ 的模 $|a+ib|$ 与实数 a 的绝对值 $|a|$ 是
遵循同一规律的.

减法 设 $\alpha=a+ib$ 及 $\alpha'=a'+ib'$.按 §1 公式(Ⅱ),我们有
$$\alpha-\alpha'=(a-a')+i(b-b')$$

若复数 α 用矢量 $\overrightarrow{OM}$ 表示,α' 用矢量 $\overrightarrow{OM'}$ 表示,
则点 M 的坐标为 (a,b),点 M' 的坐标为 (a',b')(图
6).显然,$P'P=a-a'$ 及 $KM=b-b'$.由此可知,矢
量 $\overrightarrow{M'M}$ 就是表示复数 $(a-a')+i(b-b')$ 的那个矢
量.

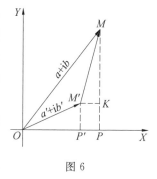

图 6

两个复数 α 及 α' 的差,是用这样一个矢量来表示
的:矢量的起点是 α' 的终点,它的终点是 α 的终点.

由于在 $\triangle OM'M$ 中 MM' 的长比另外两条边长
的差大,因此知
$$|\alpha-\alpha'|\geqslant|\alpha|-|\alpha'| \qquad (5)$$
或两复数之差的模,不小于其模之差.

只有当矢量 $\overrightarrow{OM}$ 及 $\overrightarrow{OM'}$ 在过原点的同一条直线上且方向相同时,等号才
成立.

公式(5)与两个实数 a 及 a' 的绝对值 $|a|$ 与 $|a'|$ 间的公式
$$|a-a'|\geqslant|a|-|a'|$$
是相似的.

为讨论其余两个运算:乘法及除法,必须先研究复数的三角形式.

设复数 $\alpha=a+ib$ 的模是 r,辐角是 φ.由公式

$$a = r\cos\varphi, b = r\sin\varphi$$

我们得

$$\alpha = r(\cos\varphi + i\sin\varphi) \tag{6}$$

即复数 α 的三角形式.

乘法 设

$$\alpha = r(\cos\varphi + i\sin\varphi) \text{ 及 } \alpha' = r'(\cos\varphi' + i\sin\varphi')$$

做乘积

$$\alpha\alpha' = rr'(\cos\varphi + i\sin\varphi)(\cos\varphi' + i\sin\varphi') =$$
$$rr'[(\cos\varphi\cos\varphi' - \sin\varphi\sin\varphi') + i(\cos\varphi\sin\varphi' + \sin\varphi\cos\varphi')]$$

故

$$\alpha\alpha' = rr'[\cos(\varphi + \varphi') + i\sin(\varphi + \varphi')] \tag{7}$$

从这个公式即知: rr' 是乘积 $\alpha\alpha'$ 的模, $\varphi + \varphi'$ 是乘积 $\alpha\alpha'$ 的辐角.

这样,我们得到结论:

两个复数 α 及 α' 的乘积的模,等于每个复数的模相乘

$$|\alpha\alpha'| = |\alpha| \cdot |\alpha'| \tag{8}$$

又两个复数 α 及 α' 的乘积的辐角,等于每个复数的辐角相加

$$\arg\alpha\alpha' = \arg\alpha + \arg\alpha' \tag{9}$$

这里,符号 $\arg(a + ib)$ 表示复数 $a + ib$ 的辐角,也就是,根据(2)的第二个公式,它等于 $\arctan\dfrac{b}{a}$.

公式(8)及(9)可推广到三个、四个等复数的乘积上去. 我们有

$$|\alpha\alpha'\alpha''\alpha'''| = |\alpha| \cdot |\alpha'\alpha''\alpha'''| = |\alpha| \cdot |\alpha'| \cdot |\alpha''\alpha'''| =$$
$$|\alpha| \cdot |\alpha'| \cdot |\alpha''| \cdot |\alpha'''|$$

及

$$\arg(\alpha\alpha'\alpha''\alpha''') = \arg\alpha + \arg(\alpha'\alpha''\alpha''') = \arg\alpha + \arg\alpha' + \arg(\alpha''\alpha''') =$$
$$\arg\alpha + \arg\alpha' + \arg\alpha'' + \arg\alpha'''$$

特别是当所有的因子都相等时,我们有

$$|\alpha^n| = |\alpha|^n$$

及

$$\arg(\alpha^n) = n\arg\alpha$$

若 $\alpha = r(\cos\varphi + i\sin\varphi)$,则我们有棣莫弗(De Moivre)公式

$$[r(\cos\varphi + i\sin\varphi)]^n = r^n(\cos n\varphi + i\sin n\varphi) \tag{10}$$

公式(10)给出了复数的正整数次乘幂法则.

为求复数 α 的方根 $\sqrt[n]{\alpha}$(这里 n 是正整数),我们写出等式 $\beta = \sqrt[n]{\alpha}$,其中 $\alpha = r(\cos\varphi + i\sin\varphi)$ 是所给的复数, $\beta = \rho(\cos\theta + i\sin\theta)$ 是所求的. 取等式 $\beta = \sqrt[n]{\alpha}$ 两

边的 n 次方,得到 $\beta^n = \alpha$. 根据棣莫弗公式,得

$$\rho^n(\cos n\theta + i\sin n\theta) = r(\cos \varphi + i\sin \varphi) \tag{11}$$

方程(11)表达了写为三角形式的两个复数相等. 因此,这两个复数的模应相等,即

$$\rho^n = r \tag{12}$$

而辐角只能相差 2π 的整数倍,即

$$n\theta - \varphi = 2\pi k \tag{13}$$

其中 k 是整数.

方程(12)及(13)给出了解

$$\rho = \sqrt[n]{r}, \text{其中根号取算数意义} \tag{14}$$

$$\theta = \frac{\varphi}{n} + \frac{2\pi}{n}k, \text{其中 } k \text{ 是整数} \tag{15}$$

显然,这里的整数 k 应取得下列数值

$$k = 0, 1, 2, \cdots, n - 1$$

因为此后得到的辐角 θ 与前面的辐角只相差 2π 的整数倍.

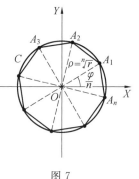

就几何意义来说,对复数 α 做开 n 次方的运算 $\sqrt[n]{\alpha}$,相当于作一个圆心为点 O,半径为 $\rho = \sqrt[n]{r}$ 的圆 C,并在圆周上作内接正 n 边形的 n 个顶点 $A_1, A_2, \cdots, A_n$,这时第一个顶点 A_1 的辐角为 $\frac{\varphi}{n}$,其余的依次为 $\frac{\varphi}{n} + \frac{2\pi}{n} \cdot 1, \frac{\varphi}{n} + \frac{2\pi}{n} \cdot 2, \cdots$ (图 7). 这 n 个顶点 $A_1, A_2, A_3, \cdots, A_n$ 都是复数 α 的 n 个可能的 n 次方根 $\sqrt[n]{\alpha}$. 平方根 $\sqrt{\alpha}$ 只有两个数值.

图 7

除法 写为三角形式的两个复数 $\alpha = r(\cos \varphi + i\sin \varphi)$ 及 $\alpha' = r'(\cos \varphi' + i\sin \varphi')$ 的商 $\frac{\alpha'}{\alpha}$,可以写为三角形式 $\beta = \rho(\cos \theta + i\sin \theta)$.

因为从等式 $\frac{\alpha'}{\alpha} = \beta$ 可得等式 $\alpha' = \alpha\beta$,所以有

$$r'(\cos \varphi' + i\sin \varphi') = r\rho[\cos(\varphi + \theta) + i\sin(\varphi + \theta)]$$

由此得 $r' = r\rho$ 及 $\varphi' - \varphi - \theta = 2\pi k$,其中 k 为整数.

从这两个方程解出 ρ 及 θ,最后求得

$$\rho = \frac{r'}{r}, \theta = \varphi' - \varphi$$

因此,我们得到结论:

两个复数 α' 及 α 的商 $\dfrac{\alpha'}{\alpha}$ 的模,等于其模的商

$$\left|\frac{\alpha'}{\alpha}\right| = \frac{|\alpha'|}{|\alpha|} \tag{16}$$

两个复数 α' 及 α 的商 $\dfrac{\alpha'}{\alpha}$ 的辐角,等于其辐角的差

$$\arg\left(\frac{\alpha'}{\alpha}\right) = \arg\alpha' - \arg\alpha \tag{17}$$

读者注意,复数的辐角 $\arg\alpha$,$\arg\alpha'$,$\cdots$ 的性质与对数一样:复数相乘时它们的辐角相加,复数相除时它们的辐角相减.

§3 复 变 量

所谓复变量是随着时间的推移而改变其复数值的那种变量.通常用 z 表示复变量,写为

$$z = x + iy \tag{1}$$

其中 x 及 y 是实变量.

复变量 z,在几何上是用平面上一动点 M 表示的,这个动点的附着数 $z=x+iy$ 随着时间的推移而改变其数值;随着这个数值的改变,点 M 就改变位置,也就是,点 M 在平面上运动,画出某条路径(图 1).

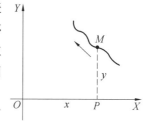

图 1

因为,一方面,实变量的极限理论全都建立在下面的不等式上

$$|a - x| < \varepsilon \tag{2}$$

其中 a 为变量 x 的极限;另一方面,复数的模与实数的绝对值都遵循同样的法则,所以复变量的整个极限理论,可以完全像以前建立实变量的极限理论那样建立起来.而且,我们也不必再建立这个理论了,因为极限理论中所有的定理及法则,都可以原封不动地搬到复变量的极限理论上来.

这样,若对于任意给定的正数 ε,可出现这样一个瞬时,使从该瞬时起,一直满足不等式

$$|\alpha - z| < \varepsilon \tag{2^*}$$

则这就是说,复数 α 是复变量 z 的极限.

就几何意义来说,这表示:附着数为复变量 z 的动点 M 在平面上移动,随着

时间的推移而接近附着数为复数 α 的一个定点 A,使它在适当的瞬时进入以 A 为圆心,以 ε 为半径的圆 C 之内,而且从此以后,一直在这个圆里.作为半径的数 ε,可以取得任意小(图 2).

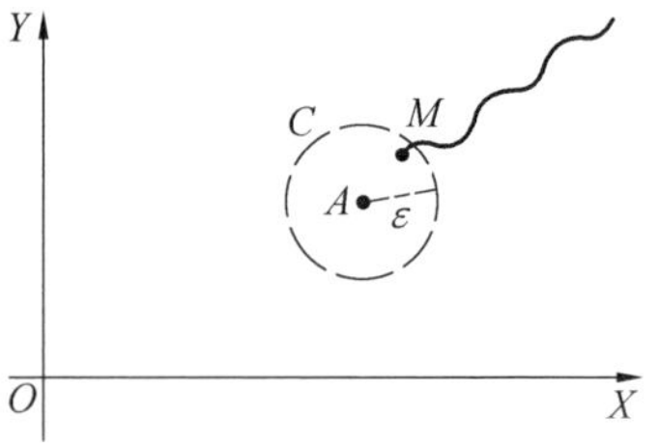

应该记住,点 A 到点 M 的距离 AM,实际是差数的模 $|\alpha-z|$.

图 2

极限理论中所有的定理,对复变量仍都成立.特别是,无穷小复变量 z 是作为这样一个变量来看的:对于它,从某瞬时起,恒满足不等式

$$|z|<\varepsilon \tag{3}$$

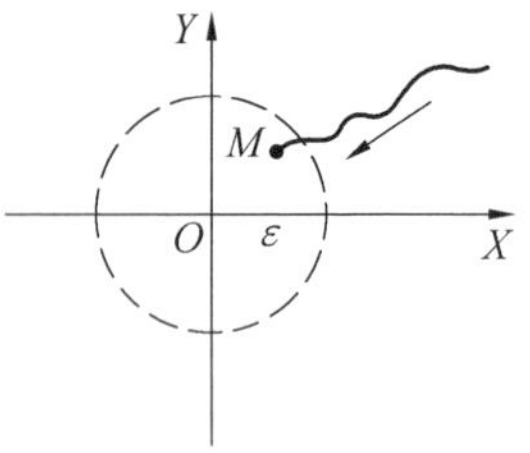

由此可知,若 z 为一个无穷小复变量,则以 z 为附着数的动点 $M(z)$ 会随着时间的推移而趋近原点 O,以至于它将一直在以原点 O 为圆心,以 ε 为半径的圆 C 之内(图 3).

图 3

关于无穷大复变量,只须简单介绍一下.一个复变量 z,若由某瞬时起满足不等式

$$|z|>R \tag{4}$$

其中 R 为预先选定的任意大的正数,则称为无穷大复变量.

就几何意义来说,这表示:点 $M(z)$ 是这样运动的,即随着时间的推移,它将一直在以 O 为圆心,以预先给定的任意大长度为半径的圆 C 之外(图 4).

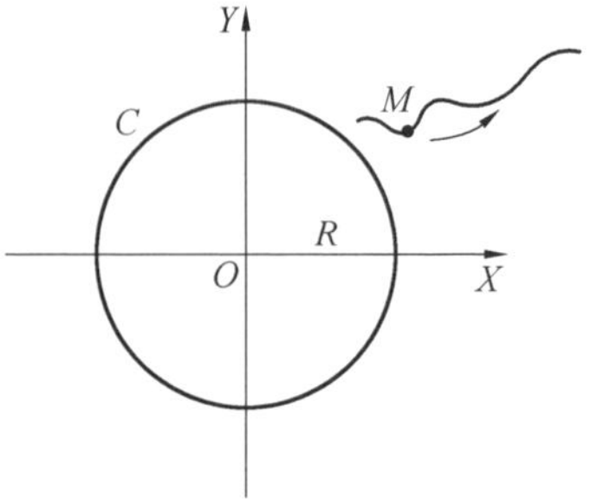

在实变量的情形下,我们把 $+\infty$ 与 $-\infty$ 区别开来,在复变量的情形下,这种区别是不必要的.若点 $M(z)$ 沿任意路径移向无穷远,则我们就写

图 4

$$z \to \infty \text{ 或} \lim z = \infty$$

而不去问这是哪一种无穷大.所以,在复变量的情形下,所有的无穷大汇合为一个无穷远点.因此,在复变量平面上,我们认为只有一个无穷远的点,沿着任何路径无限远离原点.因此,在复变量的情形下,我们把 XOY 平面看作半径为无穷大的球面.在通过原点的直径上,球面上位于另一极端而与原点相对的点,就是无穷远点.这种看法,由于有下面的事实,显得更加合理,这就是,当 z 趋近于原点 O 时,变量 $\frac{1}{z}$ 趋近于 ∞,就是说,我们有

当 $z \to 0$ 时,$\dfrac{1}{z} \to \infty$

这样,在复变量的情形下,∞ 是当作一个点来看的. 我们认为,若取变换 $z^* = \dfrac{1}{z}$,把点 z 变到点 z^*,则原点就变到无穷远点,反过来也成立.

最后,我们要知道:等式 $\lim z = \alpha$,其中 $z = x + iy$,$\alpha = a + ib$,相当于两个联立的实数等式:$\lim x = a$,$\lim y = b$.

§4　复数项级数的理论

因为实数项级数的理论只依据极限,所以可原封不动地搬到复数的情形上来. 只不过这时应把几何级数 $1 + x + x^2 + \cdots + x^n + \cdots$ 的收敛区间为 $-1 < x < 1$ 的说法,换成级数 $1 + z + z^2 + \cdots + z^n + \cdots$ 收敛于圆 $|z| <$ 1 的说法,这里 z 是复数. 在以 O 为圆心,以 1 为半径的圆内,这个级数是收敛的,在该圆外及圆周上,则处处都是发散的(图 1).

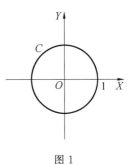

图 1

此外,对于复数项级数 $u_1 + u_2 + \cdots + u_n + \cdots$,达朗贝尔(d'Alembert)的检验法依然有效. 若我们有 $\lim\limits_{n \to \infty} \dfrac{|u_{n+1}|}{|u_n|} = \rho$,则当 $\rho < 1$ 时,级数是收敛的;当 $\rho > 1$ 时,级数是发散的;当 $\rho = 1$ 时,不能确定.

最后,若复数项级数 $u_1 + u_2 + \cdots + u_n + \cdots$ 中各项的模所成的级数 $|u_1| + |u_2| + \cdots + |u_n| + \cdots$ 收敛,则原级数也收敛. 这种级数,与前面所述一样,称为绝对收敛的级数,其性质也与前面讲过的一样.

§5　复变函数的概念

若我们有两个复变量 $w = u + iv$ 及 $z = x + iy$,它们之间又联系着一个条件:当 z 不变时,w 也保持不变;当 z 变化时,w 也变化,则变量 w 称为因变量或称为 z 的函数,并写为

$$w = f(z) \tag{1}$$

这时,变量 z 称为自变量.

通常,实变函数 $y = f(z)$ 是给定在整个 OX 轴上,或一条线段上,或一个区

间上.类似地,复变函数 $w = f(z)$ 是给定在整个复变量平面上,或在某条封闭曲线 C 之内且包括围线,或仅在围线 C 之内而不包括围线本身(图 1).

通常,我们总把这种围线取得使它具有连续变化的切线(光滑曲线),或取它为有限个光滑曲线弧所组成的围线(曲线多边形).

在复变量的情形下,不能忽视下面这种重要的情况:我们不能有函数 $w = f(z)$ 的整个几何形象,而只能有这种形象的个别部分.其原因在于:在实变量的情形下,函数 $y = f(x)$ 的整个几何形象,是在平面 XOY 上的一条曲线 $y = f(x)$(图 2).曲线 $y = f(x)$ 是我们对于 OX 轴及 OY 轴上两个个别变化[当自变量 x 变化时,在 OX 轴上就有动点 $M(x)$ 的变化,而由于方程 $y = f(x)$ 的关系,因变量 y 应当也变化,因此在 OY 轴上就有动点 $N(y)$ 的变化(图 3)]观念的综合.把这两条轴上的个别变化,在我们现有的平面观念里综合起来,就可以得到函数的整个形象为曲线(图 2).这条曲线已经完全不依赖于时间了,并且完全刻画了所给的函数 $y = f(x)$.

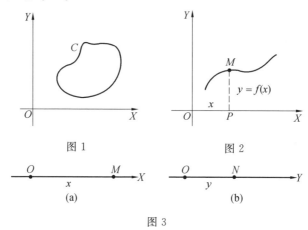

图 1　　　　　图 2

图 3

在复变量的情形下,虽然我们处理的仍是单独一个函数 $w = f(z)$,但这里一共有四个实变量,因为我们有 $w = u + iv$ 及 $z = x + iy$.因此,要画出复变函数的几何形象,我们必须有四条实轴 OX,OY,OU 及 OV,也就是,必须有一个四围空间.但是,因为我们对于这种空间没有直接的学习,所以不能把上述四条轴综合起来,因而不能得到复变函数 $w = f(z)$ 的整个几何形象,既然没有整个的几何形象,我们就只好满足于两个个别的平面 XOY 及 UOV.这时,在第一个平面上表示出自变量 z 的变化情形,而在第二个平面上表示出因变量 w 的变化情形(图 4).

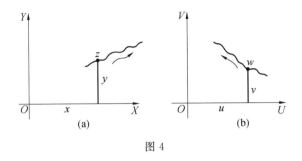

图 4

§6　复变函数的连续性

复变函数的连续性的定义法与实变量的情形相同. 函数 $w=f(z)$, 如果满足下述条件, 那么称在点 z_0 连续, 这个条件是: 每当不等式

$$| z - z_0 | < \eta \tag{Ⅰ}$$

成立时, 函数 $f(z)$ 即满足不等式

$$| f(z) - f(z_0) | < \varepsilon \tag{Ⅱ}$$

其中正数 ε 是任意给定的, 而正数 η 是随所给的 ε 适当定出的.

就几何意义来说, 这表示: 当自变量平面上的点 z 在以 z_0 为圆心, 以 η 为半径的圆 C 内时, 因变量平面上的点 $w=f(z)$, 就在以 $w_0 [w_0 = f(z_0)]$ 为圆心, 以 ε 为半径的圆 Γ 内(图 1).

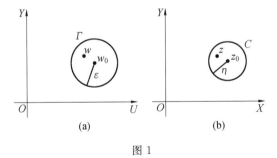

图 1

函数 $w=f(z)$ 的增量 Δw, 像以前一样, 由等式

$$\Delta w = f(z + \Delta z) - f(z) \tag{1}$$

确定, 其中 $\Delta z = \Delta x + \mathrm{i}\Delta y$ 是自变量 z 的增量, 而 $\Delta w = \Delta u + \mathrm{i}\Delta v$ 是函数的增量.

就几何意义来说, 增量 Δz 是从点 z 到(附近的)点 $z + \Delta z$ 的矢量(图 2). 函数 $f(z)$ 在点 z 的连续性表示: 当自变量 z 的增量 Δz 是无穷小时, 函数的增量 $\Delta w = f(z + \Delta z) - f(z)$ 即为无穷小. 因为不等式(Ⅰ)可改写为

$$| f(z + \Delta z) - f(z) | < \varepsilon \tag{Ⅰ*}$$

13

而不等式（Ⅱ）可改写为

$$|\Delta z| < \eta \qquad\qquad (Ⅱ^*)$$

所以我们用 z 表示初始点 z_0，用 $z + \Delta z$ 表示与 z_0 相接近的点 z.

因此，所有关于连续性的定理，在复变函数的情形下都仍然有效，特别是连续函数项级数的均匀收敛定理仍然成立. 若级数 $u_1(z) + u_2(z) + \cdots + u_n(z) + \cdots$ 由复变量 z 的函数所组成，且各函数在某个封闭围线 C 之内（包括围线）连续（图 3），又若该级数在 C 之内（包括围线）是均匀收敛的，则该级数的和 $f(z)$ 是 C 内（包括围线）的连续函数.

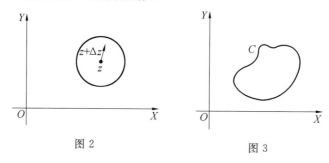

图 2
图 3

§7 导数及解析性[①]

复变函数的导数的定义，还是与以前所讲的一样.

我们说，复变量 z 的函数 $w = f(z)$ 在点 z 处有导数，假若当自变量的增量 Δz 趋近于零时，比值

$$\frac{f(z + \Delta z) - f(z)}{\Delta z}$$

趋近于完全确定的唯一极限，且该极限不依赖于 Δz 趋近于零时所沿的路径.

当函数 $f(z)$ 在某点 z_0 处有导数时，我们说函数 $f(z)$ 在点 z_0 处是解析的，而导数仍用通常的记号 $f'(z)$ 来记. 这样，若所论函数在点 z 是解析的，我们就写为

$$\lim_{\Delta z \to 0} \frac{f(z + \Delta z) - f(z)}{\Delta z} = f'(z) \qquad\qquad (Ⅰ)$$

显然，在点 z 处解析的函数一定是在该点连续的. 因为当 $\Delta z \to 0$ 时，分子里的函数增量 $f(z + \Delta z) - f(z)$ 一定是无穷小的.

---

① 原著"解析性"一词作"моногенность"，本应译为"单演"或"单源"性. 这里译为解析性，因为在本书中，解析性与单源性两个概念实质上是一致的（见 §9 中的一个注）. —— 译者注

凡在某封闭围线 C 内每点处都是解析的函数,叫作解析于 C 内的函数.

§8 复变函数的微分法公式

所有关于函数的微分法的定理,尤其重要的是所有代数式的微分法公式用到复变函数上都完全不变.特别是和、差、积、商、函数的函数,以及反函数的导数公式仍然有效.常量的导数是零,自变量对于自身的导数等于 1.

由此,立即可得下面几个重要的推论:

1. 每个多项式 $P(z) = a_0 + a_1 z + \cdots + a_n z^n$ 是在 z 平面上每一有限点处解析的函数.

2. 每个有理函数 $\dfrac{P(z)}{Q(z)}$ 中

$$P(z) = a_0 + a_1 z + \cdots + a_n z^n, Q(z) = b_0 + b_1 z + \cdots + b_m z^m$$

都是处处解析的,但在方程 $Q(z) = 0$ 的根处除外,在这些点处函数可能不是解析的.

3. 由方程 $P(z,w) = 0$ 所定出的每个代数函数 $w(z)$,除在有限个点以外,是处处解析的.这里 $P(z,w)$ 是 z 及 w 的多项式.

这样,z 的解析函数是有无穷多个的,但它们都是代数函数.为讨论超越解析函数,必须讨论幂级数.

§9 幂 级 数

幂级数

$$a_0 + a_1 z + a_2 z^2 + \cdots + a_n z^n + \cdots \tag{1}$$

的系数,一般说来是复数,而 z 又是复变量.

这个定理现在可叙述如下:

若幂级数(1)在某点 z_0 处收敛,则在以点 O 为圆心,以 $|z_0| - \varepsilon$ 为半径的任意圆内,由于级数收敛,该幂级数也是收敛的,这里 ε 是任意小的定数.若幂级数(1)在点 z_0 处发散,则在圆 $|z| \leqslant z_0$ 以外的所有点处,它将是发散的,因为它的一般项在该圆外不可能趋近于零(图 1).

从这个定理可得下面的推论:

对于每一个幂级数(1),都有一个以点 O 为圆心,以 ρ 为半径的圆 C,使幂级数在该圆内处处收敛,而在圆外处处发散.

这个圆 C 称为幂级数(1)的收敛圆.

在收敛圆的圆周 C 上,级数的收敛与发散是不定的,因为该圆周上可能有收敛点,也可能有发散点.

幂级数(1)在一个与 C 同心,但半径 ρ^* 小于收敛圆 C 的半径 ρ(图2)的圆 C^* 内及在其圆周上是均匀收敛的,从这个事实可知:幂级数

$$f(z) = a_0 + a_1 z + a_2 z^2 + \cdots + a_n z^n + \cdots \qquad (2)$$

的和 $f(z)$ 是收敛圆 C 内的连续函数.

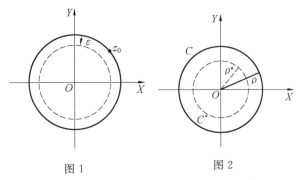

图1 图2

但更加重要的是柯西(Cauchy)第一(正)定理:幂级数的和 $f(z)$ 是在其收敛圆 C 内处处解析的函数.

证明 设幂级数(2)的收敛圆的半径是 $\rho, \rho > 0$. 级数(2)的收敛圆 C 以 O 为圆心,以 ρ 为半径(图3).设 z 是该圆内任意一个定点. 于是,显然有 $|z| < \rho$. 用 r 表示复数 z 的模, $r = |z|$,我们有 $r < \rho$. 因此,对于 r,可加上一个足够小的正数 $\delta, \delta > 0$,使我们仍有不等式 $r + \delta < \rho$. 由于 r 及 $r + \delta$ 都在收敛圆 C 内,因此下面两个正项级数是收敛的

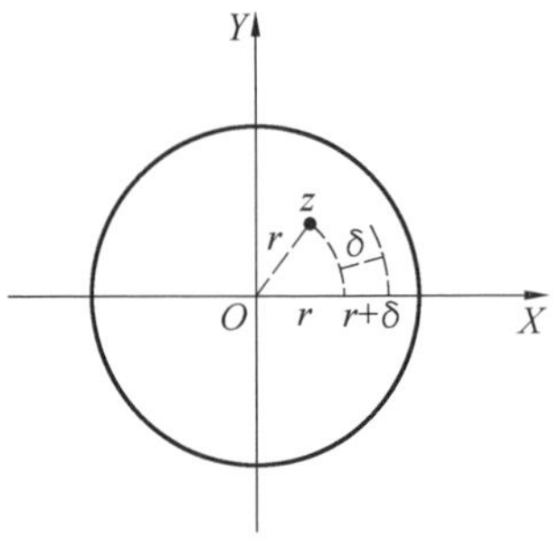

$$\sum_{n=0}^{\infty} |a_n| \cdot r^n, \sum_{n=0}^{\infty} |a_n| \cdot (r + \delta)^n$$

图3

从第二个级数减去第一个级数,得一个正项收敛级数

$$\sum_{n=0}^{\infty} |a_n| \cdot \frac{(r + \delta)^n - r^n}{1}$$

用所取的固定正数 δ 除,仍是一个正项级数,即

$$\sum_{n=0}^{\infty} |a_n| \cdot \frac{(r + \delta)^n - r^n}{\delta}$$

它可以改写为

$$\sum_{n=0}^{\infty} |a_n| \cdot \left\{ nr^{n-1} + \frac{n(n-1)}{1 \cdot 2} r^{n-2} \delta + \cdots + \delta^{n-1} \right\} \qquad (3)$$

假若现在写出表达式 $\dfrac{f(z+\Delta z)-f(z)}{\Delta z}$，则它就可以写为收敛级数的形式

$$\frac{f(z+\Delta z)-f(z)}{\Delta z}=\sum_{n=1}^{\infty}a_n\,\frac{(z+\Delta z)^n-z^n}{\Delta z}$$

这个式子又可改写为

$$\frac{f(z+\Delta z)-f(z)}{\Delta z}=$$

$$\sum_{n=1}^{\infty}a_n\left\{nz^{n-1}+\frac{n(n-1)}{1\cdot 2}z^{n-2}\Delta z+\cdots+(\Delta z)^{n-1}\right\}\qquad(4)$$

比较级数(3)及(4)，我们看到，由于等式 $|z|=r$ 的关系，当趋近于零的 Δz 满足不等式 $|\Delta z|<\delta$ 时，在 z 固定及 Δz 趋近于零的情况下，级数(4)是正规收敛的. 事实上，当 $|\Delta z|<\delta$ 时，级数(4)以常数项的正项级数(3)为其高阶级数. 因此，当 $\Delta z\to 0$ 时，级数(4)是均匀收敛的并且表示了增量 Δz 的一个连续函数. 这个连续函数在 $\Delta z\to 0$ 时的极限值是收敛级数

$$\sum_{n=0}^{\infty}a_n\cdot n\cdot z^{n-1}$$

因此，若令 Δz 沿任意路径趋近于零，则我们看到，级数(4)的和，也就是比值 $\dfrac{f(z+\Delta z)-f(z)}{\Delta z}$，趋于一个完全确定的极限，这就是绝对收敛级数 $\sum\limits_{n=0}^{\infty}na_nz^{n-1}$ 的和. 随之，$f(z)$ 是在点 z 处解析的函数，于是我们有等式

$$f'(z)=\sum_{n=0}^{\infty}na_nz^{n-1}\qquad(5)$$

这个等式说明幂级数在其收敛圆内是解析的，又说明幂级数在其收敛圆内是可以逐项微分的. (证明完毕)

这个重要的柯西定理是形成层出不穷的新解析函数的来源[①]. 但更重要的是柯西第二(逆)定理，它的重要意义在于：用这种方法可以得到所有的解析函数.

柯西第二(逆)定理　在半径为 R，圆心为 $z=0$ 的圆 Γ 内每一点 z 处都有解析性的每个函数 $f(z)$，是在圆 Γ 内已知为收敛的一个幂级数 $a_0+a_1z+a_2z^2+\cdots+a_nz^n+\cdots$(图 4).

---

①　得到的解析函数并不是像初看起来那么简单. 我们做出任何一个函数 $f(z)$ 时，如果不用对自变量 z 的直接运算方法，而用特别方法(正同在定义实变函数 $f(x)$ 时所常做的那样)，那么所做出的函数多半是非解析的函数. 例如，变量 $w=x-\mathrm{i}y$ 显然是复变量 $z=x+\mathrm{i}y$ 的连续函数，但它在任何点 z 处都不是解析的. 为得出解析函数，应该使函数满足许多条件. 正因为如此，柯西第一(正)定理才有这样的重要性，它是得出解析函数(而且只是解析函数)的可靠方法.

这个定理是数学分析中最重要的定理之一,它的推论之多是数不清的.但是,这个定理的证明,现在还没有简化到我们能在本书里介绍它的地步,因此我们只限于证明它的一些直接推论.

推论 1　在圆心为 $z=a$,半径为 R 的圆 Γ 内解析的一类函数 $f(z)$,和在该圆内可展开为收敛幂级数

$$b_0 + b_1(z-a) + b_2(z-a)^2 + \cdots + b_n(z-a)^n + \cdots$$

的一类函数是同一类函数.

证明　幂级数

$$b_0 + b_1(z-a) + b_2(z-a)^2 + \cdots + b_n(z-a)^n + \cdots \tag{6}$$

经过变换 $z-a=\zeta$ 之后(图5),可写为下面的形式

$$b_0 + b_1\zeta + b_2\zeta^2 + \cdots + b_n\zeta^n + \cdots \tag{7}$$

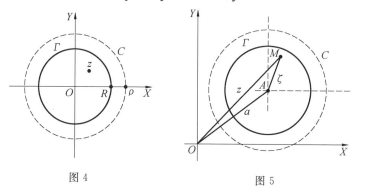

图4　　　　　图5

$z-a=\zeta$ 这个变换公式表示:变矢量 $\overrightarrow{OM}$ 是常矢量 $\overrightarrow{OA}$ 及变矢量 $\overrightarrow{AM}$ 的和.这里点 M 的附着数是 z,点 A 的附着数是固定的复数 a.因此,新的复变量 ζ 是由矢量 $\overrightarrow{AM}$ 来表示的.因为幂级数(7)具有一定的收敛圆 C(半径为 ρ,圆心为 A),所以原来的幂级数(6)在圆 C 内收敛而在圆 C 外发散.半径 ρ 则是级数(6)的收敛半径.

根据柯西第一(正)定理,幂级数(7)的和

$$\Phi(\zeta) = b_0 + b_1\zeta + b_2\zeta^2 + \cdots + b_n\zeta^n + \cdots \tag{7*}$$

对于 ζ 来说,是在收敛圆 C 内解析的函数,因它具有对于 ζ 的复导数 $\Phi'(\zeta) = \dfrac{\mathrm{d}\Phi(\zeta)}{\mathrm{d}\zeta}$.再变换到原来的复变量 $\zeta = z-a$,我们得到复变量 z 的函数 $f(z) = \Phi(z-a)$,它是幂级数(6)在收敛圆 C 内的和,即

$$f(z) = \Phi(z-a) = b_0 + b_1(z-a) + b_2(z-a)^2 + \cdots + b_n(z-a)^n + \cdots \tag{6*}$$

又根据关于函数的微分法定理,我们有

$$f'(z) = \frac{\mathrm{d}f(z)}{\mathrm{d}z} = \frac{\mathrm{d}\Phi(\zeta)}{\mathrm{d}\zeta} \cdot \frac{\mathrm{d}\zeta}{\mathrm{d}z} = \Phi'(\zeta) \cdot 1 = \Phi'(\zeta) = \Phi'(z-a)$$

由此可知,在收敛圆 C 内 $f(z)$ 是 z 的解析函数.

这样,我们就证明了正命题:若函数 $f(z)$ 是幂级数(6)在其收敛圆 C 内的和,则在该圆内 $f(z)$ 是 z 的解析函数.

现在我们要证明逆命题:若用某种方法给出的函数 $f(z)$(原是 z 的解析函数),在以 $z=a$ 为中心,以 R 为半径的某个圆 Γ 内,则这种函数一定可作为像(6)那样的一个幂级数之和,这个级数在圆 Γ 内一定收敛,而且在该圆外也可能收敛,也就是,这个级数也可能在较大半径 $\rho(\rho > R)$ 的圆内收敛.

事实上,若 $f(z)$ 在 Γ 内是 z 的解析函数,则设 $z=a+\zeta$,便得到在以 $\zeta=0$ 为圆心,以 R 为半径的圆内解析的函数 $f(a+\zeta)$. 于是,应用柯西第二(逆)定理,我们就可以看出 $f(\zeta+a)$ 是幂级数(7)的和

$$b_0 + b_1\zeta + b_2\zeta^2 + \cdots + b_n\zeta^n + \cdots$$

这个幂级数在以 $\zeta=0$ 为圆心,以 R 为半径的圆内一定是收敛的.因此我们有等式

$$f(a+\zeta) = b_0 + b_1\zeta + b_2\zeta^2 + \cdots + b_n\zeta^n + \cdots \tag{7^{**}}$$

把 $\zeta=z-a$ 代入后,得到

$$f(z) = b_0 + b_1(z-a) + b_2(z-a)^2 + \cdots + b_n(z-a)^n + \cdots$$

这就是所要证明的.

我们要知道,级数(6^*)的收敛圆 C 并不一定要与圆 Γ 相同,它可能比 Γ 大得多.

注   在幂级数 $b_0 + b_1(z-a) + b_2(z-a)^2 + \cdots + b_n(z-a)^n + \cdots$ 的收敛圆内为该幂级数之和的函数,叫作解析函数.于是推论 1 告诉我们:在某个圆内的解极函数与广义的解析函数这两个概念是一致的.[①]

推论 2   在任何封闭围线 K 内解析的函数是在 K 内处处可微分无穷次的.

证明   在柯西第一(正)定理中已经证明:在以 $z=0$ 为圆心,以 ρ 为半径的收敛圆 C 内的每一个幂级数

$$f(z) = a_0 + a_1z + a_2z^2 + \cdots + a_nz^n + \cdots$$

是在 C 内解析的,而且 $f(z)$ 的导数 $f'(z)$ 等于原级数逐项微分后的和,也就是,我们有等式

$$f'(z) = a_1 + 2a_2z + 3a_3z^2 + \cdots + na_nz^{n-1} + \cdots \tag{8}$$

这样,微分后所得的级数(8)在圆 C 内一定是收敛的,且其和为 $f'(z)$. 又由于级数(8)也是一个幂级数,且在圆 C 内收敛,因此前面所讲的各种论证对于

[①]   凡在一点处可微分的函数叫作单源函数,凡在一点及其邻域内可微分的函数叫作广义的函数.但有的作者根本不用单源函数这一词,而只说"在一点处的解析函数"以及"在一个区域上的解析函数".
—— 译者注

这个级数也完全适用. 这就表示一阶导数 $f'(z)$ 也是在 C 内解析的函数, 它的导数 $f''(z)$ 可以从级数(8)逐项微分而得, 即

$$f''(z) = 2a_2 + 3 \cdot 2a_3 z + \cdots + n(n-1)a_n z^{n-2} + \cdots \qquad (9)$$

而且这个级数在圆 C 内也一定是收敛的.

再把上面的论证重复一次, 我们就知道 $f''(z)$ 也是在 C 内解析的, 它的导数 $f'''(z)$ 可以从级数(9)逐项微分而得, 即

$$f'''(z) = 1 \cdot 2 \cdot 3a_3 + \cdots + n(n-1)(n-2)a_n z^{n-3} + \cdots \qquad (10)$$

而且这个幂级数在圆 C 内是收敛的. 这样可以一直无限做下去.

因此, 幂级数的和

$$f(z) = a_0 + a_1 z + a_2 z^2 + \cdots + a_n z^n + \cdots$$

在其收敛圆内是可以微分无穷次的.

由此立即可知, 形式更一般的幂级数

$$f(z) = b_0 + b_1(z-a) + b_2(z-a)^2 + \cdots + b_n(z-a)^n + \cdots \qquad (11)$$

在其收敛圆 C 内也是可微分无穷次的, 因为我们可用置换 $z = a + \zeta$ 把(11)变换为

$$f(a + \zeta) = b_0 + b_1 \zeta + b_2 \zeta^2 + \cdots + b_n \zeta^n + \cdots$$

而这个式子表明: 在收敛圆 C 内, 函数 $f(a + \zeta)$ 是对 ζ 可微分无穷次的. 又由于我们显然有

$$\frac{\mathrm{d}f(z)}{\mathrm{d}z} = \frac{\mathrm{d}f(a+\zeta)}{\mathrm{d}\zeta} \cdot \frac{\mathrm{d}\zeta}{\mathrm{d}z} = \frac{\mathrm{d}f(a+\zeta)}{\mathrm{d}\zeta}$$

$$\frac{\mathrm{d}^2 f(z)}{\mathrm{d}z^2} = \frac{\mathrm{d}^2 f(a+\zeta)}{\mathrm{d}\zeta^2}, \frac{\mathrm{d}^3 f(z)}{\mathrm{d}z^3} = \frac{\mathrm{d}^3 f(a+\zeta)}{\mathrm{d}\zeta^3}, \cdots$$

因此可展开成幂级数的函数 $f(z)$, 在其幂级数(11)的收敛圆 C 之内是对 z 可微分无穷次的.

现在说 $f(z)$ 在某封闭围线 K 之内是解析函数. 设 z 是 K 内的某一点. 这个点总可用一个全部在 K 内且圆心在定点 A 处的圆 Γ 来覆盖(图6). 由于 $f(z)$ 在圆 Γ 内是解析的, 因此它在 Γ 内可展开成幂级数, 这就说明它在点 z 具有任何阶的导数 $f'(z), f''(z), f'''(z), \cdots$. 而这就证明了所给函数 $f(z)$ 在点 z 是可微分无穷次的.

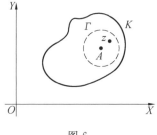

图 6

§10　泰勒级数及其收敛圆

假若有幂级数

$$f(z) = a_0 + a_1 z + a_2 z^2 + \cdots + a_n z^n + \cdots \qquad (1)$$

在以 $z=0$ 为圆心,以 R 为半径的圆 Γ 内是收敛的,则从等式(1)及 §9 中的 (8)(9)(10) 可知

$$f(0) = a_0, f'(0) = 1 \cdot a_1, f''(0) = 1 \cdot 2 \cdot a_2, f'''(0) = 1 \cdot 2 \cdot 3 \cdot a_3, \cdots$$

一般说来

$$f^{(n)}(0) = n! \, a_n$$

从这个等式即得麦克劳林(Maclaurin)公式

$$a_n = \frac{f^{(n)}(0)}{n!} \qquad (2)$$

所以,幂级数(1)是麦克劳林级数

$$f(z) = f(0) + \frac{f'(0)}{1!} z + \frac{f''(0)}{2!} z^2 + \cdots + \frac{f^{(n)}(0)}{n!} z^n + \cdots \qquad (\text{I})$$

于是,在以 O 为圆心,以 R 为半径的圆 Γ 内解析的函数 $f(z)$,是以唯一方式展开为幂级数的,因为所展开幂级数的系数是按麦克劳林公式给出的,也就是说,是由 $z=0$ 这一点处的函数 $f(z)$ 及 $f'(z), f''(z), \cdots$ 的导数的数值来决定的. 这个麦克劳林级数在圆 Γ 内一定收敛,而且可能在半径还要大一些的同心圆内也收敛.

现在我们在以 $z=a$ 为圆心,以 R 为半径的圆 Γ 内,取一个解析的函数 $f(z)$. 我们已经知道,这种函数 $f(z)$ 可展开为在该圆 Γ 内必定收敛且形式更一般的幂级数

$$f(z) = b_0 + b_1(z-a) + b_2(z-a)^2 + \cdots + b_n(z-a)^n + \cdots \qquad (3)$$

由公式 $z = a + \zeta$ 置换变量 z,我们把一般形式的幂级数(3)变为普通的幂级数

$$\Phi(\zeta) = f(a+\zeta) = b_0 + b_1 \zeta + b_2 \zeta^2 + \cdots + b_n \zeta^n + \cdots \qquad (4)$$

这个级数在以 $\zeta=0$ 为圆心,以 R 为半径的圆内是收敛的,而且我们已经知道它就是函数 $\Phi(\zeta)$ 的麦克劳林级数. 这表示,(4)中的系数 $b_0, b_1, b_2, \cdots$ 是按麦克劳林公式确定的,即

$$b_0 = \Phi(0), b_1 = \frac{\Phi'(0)}{1!}, b_2 = \frac{\Phi''(0)}{2!}, \cdots, b_n = \frac{\Phi^{(n)}(0)}{n!}, \cdots$$

但因我们显然有

$$\Phi'(\zeta) = f'(a+\zeta) = f'(z), \Phi''(\zeta) = f''(z), \cdots, \Phi^{(n)}(\zeta) = f^{(n)}(z), \cdots$$

故若设 $\zeta = 0$,我们就有 $z = a$ 及

$$\varPhi^{(n)}(0) = f^{(n)}(a) \tag{5}$$

因此,我们有用来确定系数 b_n 的泰勒(Taylor)公式

$$b_n = \frac{f^{(n)}(a)}{n!}$$

所以,一般形式的幂级数(3)一定收敛为在该圆 $\varGamma$(圆心为 a,半径为 R)内解析的所给函数 $f(z)$ 的泰勒级数

$$f(z) = f(a) + \frac{f'(a)}{1!}(z-a) + \frac{f''(a)}{2!}(z-a)^2 + \cdots +$$

$$\frac{f^{(n)}(a)}{n!}(z-a)^n + \cdots \tag{Ⅱ}$$

现在要问:泰勒级数(Ⅱ)的收敛圆 C 是怎样的?

若所给函数 $f(z)$ 在封闭围线 K 内处处是解析的,则圆 $\varGamma$ 可能扩大,一直扩大到仍在围线 K 内但已从内部与 K 相切的圆 $\varGamma'$ 那么大(图1).泰勒级数(Ⅱ)在这种圆 $\varGamma'$ 内的收敛性,是由我们对函数 $f(z)$ 在 $\varGamma'$ 内所假定的解析性来保证的.假若函数 $f(z)$ 不能再解析扩张到与 $\varGamma'$ 最接近的那部分围线 K 之外,那么圆 $\varGamma'$ 就不可能再扩大下去了.但收敛圆 C 往往总是大于圆 $\varGamma'$ 的(图1).在这种情形下,前面只限于在围线 K 内讨论的函数 $f(z)$ 就可

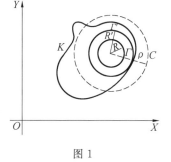

图 1

以这样来解析扩张,使函数 $f(z)$ 在围线 K 内的原有部分,与该函数定义在收敛圆 C 突出于 K 外区域上的新添部分,在解析性意义上说,形成了由泰勒级数(Ⅱ)在其收敛圆 C 内的和所给出的整个函数.

泰勒级数在其收敛圆 C 外是发散的,这个事实指出:在该圆的圆周上存在一些点,以至于我们不能把所论函数 $f(z)$ 解析扩张到这些点之外.这种点称为解析函数 $f(z)$ 的奇异点.

解析函数 $f(z)$ 常常可以从它所给出的情形就知道它有哪些奇异点.这时确定泰勒级数的收敛半径 ρ 就很简单:只要找出与点 $z = a$ 相距最近的一个奇异点,通过这一点作一个以 $z = a$ 为圆心的圆 C 即可.这个圆 C 就是所给函数 $f(z)$ 在点 $z = a$ 所展开的泰勒级数的收敛圆.

这就是有名的复变函数原理,有了这个原理,我们今后就无须再研究泰勒级数的余项了.

例 实变函数 $\dfrac{1}{1+x^2}$ 在 OX 轴上可微分无穷次,但展开的麦克劳林级数

$$\frac{1}{1+x^2}=\frac{1}{1-(-x^2)}=1-x^2+x^4-x^6+x^8-x^{10}+\cdots+(-1)^n x^{2n}+\cdots$$

只在区间$(-1,1)$内是收敛的,说明其真正的理由.

解 从实变量观点来看,这是不可能被理解的,因为函数$\dfrac{1}{1+x^2}$在整个OX轴上是可微分无穷次的.但从复变函数的观点来解释收敛区间$(-1,1)$是极其容易的事.因为复变函数$\dfrac{1}{1+z^2}$只在使分母为零的两个点处(即使$1+z^2=0$的两个点处)不是解析的.这两个点是$z_1=i$及$z_2=-i$.在这两个点处函数变为无穷大.但在其他点处函数是解析的.由此,

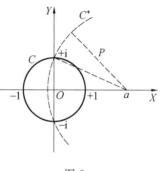

图 2

给出了函数$\dfrac{1}{1+z^2}$的麦克劳林展开式$1-z^2+z^4-z^6+z^8-\cdots$是以过奇异点 i 及 $-i$ 的圆C为其收敛圆的.如果我们把这个函数在实数轴上任意一点a展开,那么得到一个在圆C^*内收敛的泰勒级数,这里圆C^*是以ρ为半径且通过奇异点 i 及 $-i$ 的(图 2).所以$\rho=\sqrt{1+a^2}$,因而这个泰勒级数(在实变量情形下)的收敛区间是$(a-\sqrt{1+a^2},a+\sqrt{1+a^2})$.这个结论只有用复变函数的理论才能看得出来.

§11 复变指数函数与三角函数

假若复变函数$f(z)$可展开为对每个实数与复数z都收敛的幂级数

$$f(z)=a_0+a_1 z+a_2 z^2+\cdots+a_n z^n+\cdots \tag{1}$$

那么这种函数$f(z)$叫作整函数.整函数在全部平面上都是解析的.整函数的最简单的例子是只含有限个z的乘幂的多项式$P(z)$,因为其他各高次项的系数都是零.

但除多项式外还有其他的整函数,它们的幂级数是含有系数异于零的无穷多项的,这种函数称为超越整函数.

这种超越整函数我们已经见过三个.因为我们以前只就实变量讨论过的下列三个展开式

$$e^x=1+\frac{x}{1!}+\frac{x^2}{2!}+\cdots+\frac{x^n}{n!}+\cdots \tag{2}$$

$$\sin x = x - \frac{x^3}{3!} + \frac{x^5}{5!} - \frac{x^7}{7!} + \cdots \qquad (3)$$

$$\cos x = 1 - \frac{x^2}{2!} + \frac{x^4}{4!} - \frac{x^6}{6!} + \cdots \qquad (4)$$

是对一切实数 x 都收敛的,所以,用字母 z 代替字母 x 后,这些级数对于所有的复数值 z 也都应当是收敛的. 事实上,要是这些级数中有某个级数在某个复数值 z_0 处是发散的,那么该级数在以 $|z_0|$ 为半径的圆外一定是发散的,因而它就不能在全部实数轴 OX 上收敛了.

所以,级数

$$\sum_{n=0}^{\infty} \frac{z^n}{n!}, \sum_{n=0}^{\infty} (-1)^n \frac{z^{2n+1}}{(2n+1)!} \; \text{及} \; \sum_{n=0}^{\infty} (-1)^n \frac{z^{2n}}{(2n)!}$$

对于每个复数 z 都是收敛的,因而它们是某三个超越整函数的展开式. 这三个超越整函数,我们仍依照以前一样,分别用记号 $e^z, \sin z$ 及 $\cos z$ 来表示.

这样,我们写出

$$e^z = \sum_{n=0}^{\infty} \frac{z^n}{n!}, \sin z = \sum_{n=0}^{\infty} (-1)^n \frac{z^{2n+1}}{(2n+1)!}, \cos z = \sum_{n=0}^{\infty} (-1)^n \frac{z^{2n}}{(2n)!} \quad (5)$$

指数函数及三角函数的所有性质都可从这几个等式推出来.

例如,由逐项微分的结果,我们立即得到像实变量时那样的公式

$$\frac{\mathrm{d}e^z}{\mathrm{d}z} = e^z, \frac{\mathrm{d}\sin z}{\mathrm{d}z} = \cos z, \frac{\mathrm{d}\cos z}{\mathrm{d}z} = -\sin z \qquad (6)$$

此外,当 z^* 固定时,函数 e^{z+z^*} 是处处对 z 解析的函数,微分后,得

$$\frac{\mathrm{d}e^{z+z^*}}{\mathrm{d}z} = \frac{\mathrm{d}e^{z+z^*}}{\mathrm{d}(z+z^*)} \cdot \frac{\mathrm{d}(z+z^*)}{\mathrm{d}z} = e^{z+z^*} \cdot 1 = e^{z+z^*}$$

所以,函数 e^{z+z^*} 对 z 微分时是不变的,因而一般有

$$\frac{\mathrm{d}^n (e^{z+z^*})}{\mathrm{d}z^n} = e^{z+z^*}$$

把 e^{z+z^*} 展开为麦克劳林级数,我们有

$$e^{z+z^*} = \sum_{n=0}^{\infty} \frac{\left[\dfrac{\mathrm{d}^n (e^{z+z^*})}{\mathrm{d}z^n}\right]_{z=0}}{n!} \cdot z^n = \sum_{n=0}^{\infty} \frac{\left[e^{z+z^*}\right]_{z=0}}{n!} \cdot z^n =$$

$$\sum_{n=0}^{\infty} \frac{e^{z^*}}{n!} z^n = z^* \cdot \sum_{n=0}^{\infty} \frac{z^n}{n!} = e^{z^*} \cdot e^z = e^z \cdot e^{z^*}$$

这样,我们就得出函数 e^z 的基本性质如下

$$e^{z+z^*} = e^z \cdot e^{z^*} \qquad (7)$$

其中 z 及 z^* 是两个任意的复数.

从等式(5)我们直接得到

$$\cos(-z) = \cos z, \sin(-z) = -\sin z \qquad (8)$$

$$e^{iz} = \cos z + i\sin z, e^{-iz} = \cos z - i\sin z \tag{9}$$

由此,将(9)中的等式相加及相减,我们就得到由欧拉(Euler)首先发现的一个基本的公式

$$\cos z = \frac{e^{iz} + e^{-iz}}{2}, \sin z = \frac{e^{iz} - e^{-iz}}{2i} \tag{10}$$

最后,若设 $z = x + iy$,其中 x 及 y 为实变量,则有

$$e^z = e^{x+iy} = e^x \cdot e^{iy} = e^x(\cos y + i\sin y) \tag{11}$$

从这个公式可知:表达式 e^z 的模等于 e^x,而它的辐角就是 y,即

$$|e^z| = e^x, \arg e^z = y$$

由于无论 x 是什么实数值 e^x 都不会等于零,因此函数 e^z 处处不等于零.

我们注意:由(9)可知 $e^{2\pi i} = 1$. 因此

$$e^z = e^z \cdot 1 = e^z \cdot e^{2\pi i} = e^{z+2\pi i}$$

所以指数函数 e^z 是一个周期函数,其周期为纯虚数 $2\pi i$.

§12 双 曲 函 数

常见的三角函数正弦、余弦、正切,分别是对圆 $x^2 + y^2 = 1$ 所作的三条直线线段 PM, OP 及 AQ(图1). 这时角 φ 不仅可用 $\overset{\frown}{AM}$ 来度量,而且可用扇形 AOM 面积的 2 倍来度量. 因此,设 $2S_{\text{扇形}AOM} = \varphi$,则有 $PM = \sin \varphi, OP = \cos \varphi, AQ = \tan \varphi$.

同样,若不取圆 $x^2 + y^2 = 1$ 而取等边双曲线 $x^2 - y^2 = 1$,这对于双曲线也可作这种直线线段 PM, OP 及 AQ(图2). 犹如前面对圆所作的一样,我们可以把它们分别称为双曲正弦、双曲余弦及双曲正切. 这时,我们取双曲扇形 AOM 面积的 2 倍为自变量,用 φ 来记,并写 $PM = \sinh \varphi, OP = \cosh \varphi$ 及 $AQ = \tanh \varphi$.

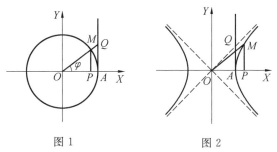

图 1　　　　　　图 2

我们的目的在于求出 $\sinh \varphi$ 及 $\cosh \varphi$ 的级数,并利用虚数来建立它们与三角函数及指数函数之间的关系.

用字母 x 及 y 表示点 M 的坐标,我们可以写出等式

$$S_{\triangle AOM} = S_{\triangle POM} - S_{\triangle PAM}$$

且

$$S_{\triangle POM} = \frac{1}{2}OP \cdot PM = \frac{xy}{2} = \frac{x\sqrt{x^2-1}}{2}$$

$$S_{\triangle PAM} = \int_1^x y \, \mathrm{d}x = \int_1^x \sqrt{t^2-1} \, \mathrm{d}t$$

从双曲线方程 $x^2 - y^2 = 1$ 可知 $y = \sqrt{x^2-1}$,同时为避免混淆,这里应当用另一个字母如 t 来代替表示积分变量的字母 x.

因此

$$S_{\triangle AOM} = \frac{1}{2}x\sqrt{x^2-1} - \int_1^x \sqrt{t^2-1} \, \mathrm{d}t \tag{1}$$

不定积分可以积出来

$$\int \sqrt{x^2-1} \, \mathrm{d}x = \frac{x}{2}\sqrt{x^2-1} - \frac{1}{2}\ln(x + \sqrt{x^2-1}) + C$$

因此

$$\int_1^x \sqrt{t^2-1} \, \mathrm{d}t = \left[\frac{t}{2}\sqrt{t^2-1} - \frac{1}{2}\ln(t + \sqrt{t^2-1})\right]_1^x =$$

$$\frac{x}{2}\sqrt{x^2-1} - \frac{1}{2}\ln(x + \sqrt{x^2-1}) \tag{2}$$

将所得定积分值代入公式(1),得

$$S_{\triangle AOM} = \frac{1}{2}\ln(x + \sqrt{x^2-1})$$

也就是

$$2S_{\triangle AOM} = \varphi = \ln(x + \sqrt{x^2-1}) = \ln(x + y) \tag{3}$$

由此可知

$$-\varphi = \ln\left(\frac{1}{x + \sqrt{x^2-1}}\right) = \ln(x - \sqrt{x^2-1}) = \ln(x - y)$$

因此
$$x + y = \mathrm{e}^{\varphi}, x - y = \mathrm{e}^{-\varphi}$$

上面两式相加及相减,得

$$x = \frac{\mathrm{e}^{\varphi} + \mathrm{e}^{-\varphi}}{2}, y = \frac{\mathrm{e}^{\varphi} - \mathrm{e}^{-\varphi}}{2}$$

由于 $OP = \cosh \varphi$ 及 $PM = \sinh \varphi$,因此得

$$\sinh \varphi = \frac{\mathrm{e}^{\varphi} - \mathrm{e}^{-\varphi}}{2}, \cosh \varphi = \frac{\mathrm{e}^{\varphi} + \mathrm{e}^{-\varphi}}{2} \tag{4}$$

至于线段 AQ,则可以从比例式 $\dfrac{AQ}{OA} = \dfrac{PM}{OP}$ 确定出来. 因 $OA = 1, AQ =$

$\tanh \varphi$,故有

$$\tanh \varphi = \frac{\sinh \varphi}{\cosh \varphi} = \frac{\mathrm{e}^{\varphi} - \mathrm{e}^{-\varphi}}{\mathrm{e}^{\varphi} + \mathrm{e}^{-\varphi}} \tag{5}$$

所得到的公式(4)及(5),在变量 φ 的实数值处,用指数函数表达了双曲函数 $\sinh \varphi$,$\cosh \varphi$ 及 $\tanh \varphi$.

令公式(4)及(5)对于变量的一切数值,实数值和复数值,都仍然保持不变,我们就应该写出

$$\sinh z = \frac{\mathrm{e}^{z} - \mathrm{e}^{-z}}{2},\cosh z = \frac{\mathrm{e}^{z} + \mathrm{e}^{-z}}{2},\tanh z = \frac{\sinh z}{\cosh z} = \frac{\mathrm{e}^{z} - \mathrm{e}^{-z}}{\mathrm{e}^{z} + \mathrm{e}^{-z}} \tag{6}$$

假若我们现在用欧拉公式,便立即可知

$$\sinh z = \frac{\sin \mathrm{i}z}{\mathrm{i}},\cosh z = \cos \mathrm{i}z,\tanh z = \frac{\tan \mathrm{i}z}{\mathrm{i}} \tag{7}$$

因此我们可以说,双曲余弦 $\cosh z$ 在实轴上的数值,不过是普通的三角余弦在虚轴上的数值,而双曲正弦及双曲正切在实轴上的数值,就是普通三角正弦及三角正切在虚轴上的数值再用 i 除.

有了用普通三角函数来表示双曲函数的公式(7),我们就可以反过来用双曲函数来表示普通的三角函数.这样就可把普通三角函数之间的每一个关系转变为双曲函数之间的关系,所以这是一件很重要的事.把 $\cos z$ 换成 $\cosh z$,又把 $\sin z$ 换成 $\mathrm{i}\sinh z$ 后,每个三角公式都可转变为双曲函数的公式.

这样,如关系式 $\sin^2 z + \cos^2 z = 1$ 可转变为

$$\cosh^2 z + \sinh^2 z = 1 \tag{8}$$

加法公式

$$\sin(z + z^{*}) = \sin z\cos z^{*} + \cos z\sin z^{*}$$

及

$$\cos(z + z^{*}) = \cos z\cos z^{*} - \sin z\sin z^{*}$$

可转变为双曲函数的加法公式

$$\begin{cases} \sinh(z + z^{*}) = \sinh z\cosh z^{*} + \cosh z\sinh z^{*} \\ \cosh(z + z^{*}) = \cosh z\cosh z^{*} + \sinh z\sinh z^{*} \end{cases} \tag{9}$$

同样,可得公式

$$\sinh z = \frac{\tanh z}{\sqrt{1 - \tanh^2 z}},\cosh z = \frac{1}{\sqrt{1 - \tanh^2 z}} \tag{10}$$

更有趣的是反双曲函数,即 $\operatorname{arsinh} z$,$\operatorname{arcosh} z$ 及 $\operatorname{artanh} z$,它们可以用对数来表示.解方程(6)中的 z,得

$$\begin{cases} \operatorname{arsinh} z = \ln(z + \sqrt{z^2 + 1}) \\ \operatorname{arcosh} z = \ln(z + \sqrt{z^2 - 1}) \\ \operatorname{artanh} z = \ln\sqrt{\dfrac{1 + z}{1 - z}} \end{cases} \tag{11}$$

27

通过微分关系式(7)及(11)，我们得到

$$\begin{cases} \dfrac{\mathrm{d}\sinh z}{\mathrm{d}z} = \cosh z, \dfrac{\mathrm{d}\cosh z}{\mathrm{d}z} = \sinh z, \dfrac{\mathrm{d}\tanh z}{\mathrm{d}z} = \dfrac{1}{\cosh^2 z} = 1 - \tanh z^2 \\ \dfrac{\mathrm{d}\operatorname{arsinh} z}{\mathrm{d}z} = \dfrac{1}{\sqrt{z^2+1}}, \dfrac{\mathrm{d}\operatorname{arcosh} z}{\mathrm{d}z} = \dfrac{1}{\sqrt{z^2-1}}, \dfrac{\mathrm{d}\operatorname{artanh} z}{\mathrm{d}z} = \dfrac{1}{1-z^2} \end{cases} \quad (12)$$

展开 e^{φ} 与 $\mathrm{e}^{-\varphi}$ 后，从公式(4)可得 $\sinh \varphi$ 及 $\cosh \varphi$ 对于 φ 的幂级数展开式. 这样就得到

$$\begin{cases} \sinh \varphi = \dfrac{\varphi}{1!} + \dfrac{\varphi^3}{3!} + \dfrac{\varphi^5}{5!} + \dfrac{\varphi^7}{7!} + \cdots \\ \cosh \varphi = 1 + \dfrac{\varphi^2}{2!} + \dfrac{\varphi^4}{4!} + \dfrac{\varphi^6}{6!} + \cdots \end{cases} \quad (13)$$

这些级数是处处收敛的，因为 $\sinh z$ 及 $\cosh z$ 是整函数.

§13   保角变换的概念

保角变换的概念，从曲面 S 的地图问题出发来讲最为自然. 所谓曲面 S 的"地图"，就是 S 到平面上的一种映射，在这个映射下，曲面及其地图上的点是彼此互为单值，同时又互相连续地对应着的.

最值得注意的是这种地图是一个角度保持不变的图，这就是说，画在地图平面上任意两条相交曲线的交角，恒等于它们在曲面上的对应曲线的交角. 在这个条件下，曲面及平面上的无穷小部分是相似的. 通常地球表面的地图就是这样画在纸上的. 图制得正确时，每一块不大的地域都是与图上对应部分类似的，因此，在图上只是按比例地缩小. 正因如此，我们就能从图上正确断定地域的轮廓及其各单元间的相互位置.

在画得准确的保持角度的地图上，曲面 S 的地区越小，则它在图上的形象与真正的越相似. 因此我们不在图上一下子画出整块曲面 S 的形象，而宁愿先把 S 分为许多小块，再把它们分别表示在图上，分区地图集就是这样画成的.

显然，假若我们有曲面 S 上任何一小块地域的地图，则从这张图又可以得出无穷多个别的这种地图. 为此，只要把曲面 S 的这张地图 D^* 再做一个保角变换，就把它变为了平面域 D. 在这种条件下，区域 D 显然也同样是曲面 S 上的所论那块地域的地图了.

为了说得更准确些，我们再加一个条件：D^* 与 D 两个区域都是内部域，前者是 UOV 平面上本身不相交割的封闭曲线 C^* 的内部域，后者是 XOY 平面上类似的封闭曲线 C 的内部域.

这样,为得出曲面 S 上所给地区的一切地图 D,我们只要会利用互相连续的保角变换,把已知的平面域 D^* 变到任何其他的平面区域 D 上去就行了.

从一个平面区域变到另一个平面区域上的变换,叫作保角映射.这种变换用复变函数来做是很方便的.

事实上,用 w 及 z 表示两个点,分别在区域 D^* 及 D 中(图 1),而且是在一个保角映射下彼此对应着的,我们可以把点 w 的附着数写为复数的形式 $u+\mathrm{i}v$,其中 u 及 v 是点 w 的坐标.同样,我们把 z 的附着数写为形式 $x+\mathrm{i}y$.我们再用表示点的同一记号来表示该点的附着数,这样就写出

$$w = u + \mathrm{i}v$$
$$z = x + \mathrm{i}y$$

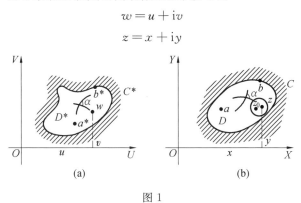

图 1

假若现在复变量 z 变化着,就是说,假若点 z 在区域 D 内运动,则它在保角映射下的对应点 w 也运动,换句话说,复变量 w 也开始变化.反过来说,z 不变时,w 也不变.

从上面所讲可知:复变量 w 是复变量 z 的函数,于是,我们可以写为

$$w = f(z) \tag{1}$$

其中 $f(z)$ 是区域 D 上的连续函数(区域 D 包括围线 C),并且对于自变量 z 的不同的数值 z_1 及 z_2,这个函数也取得不同的数值,也就是,若 $z_1 \neq z_2$,则 $f(z_1) \neq f(z_2)$,这是由于对于区域 D 中不同的点,对应了区域 D^* 中不同的点.这种函数 $f(z)$ 称为区域 D 上的单叶函数.

在这些条件下,变量 z 也是变量 w 的函数,我们有

$$z = g(w) \tag{2}$$

其中函数 $g(w)$ 是 D^*(包括围线 C^*)上的连续函数,也是在该区域上的单叶函数.

但这时需要满足一个最重要的要求:变换(1)应当给出从区域 D 到区域 D^* 的一个保角映射,即变换后应当使两个区域内的角度保持不变.显然,变换(2)也给出了同一个保角变换,并由它显然可从方程(1)解出 z.

预备定理 1 线性置换 $w = az + b, a \neq 0$ 给出了使平面仍变到它本身的一

29

个保角变换,同时变换后无穷远点 $z=\infty$ 保持不变.

证明 一般形式的线性置换 $w=az+b$,可用三个特殊线性置换得出.这就是,我们把常系数 a 写为三角形式

$$a=Re^{i\Phi}$$

后,可把置换 $w=az+b$ 分为三个基本置换

$$\begin{cases} z_1=e^{i\Phi}\cdot z \\ z_2=Rz_1 \\ w=z_2+b \end{cases} \tag{3}$$

事实上,从(3)中的三个方程消去辅助字母 z_1 及 z_2 后,显然就得到置换 $w=az+b$.

但第一个基本置换 $z_1=e^{i\Phi}\cdot z$ 是把 z 平面以点 O 为中心转一个固定角度 Φ 的旋转置换.若设 $z=\rho e^{i\theta}$,则我们就有 $z_1=\rho e^{i(\theta+\Phi)}$,即点 z_1 是由整个 z 平面绕原点 O 旋转一个固定角度 Φ 而得到的.但是我们都知道,旋转置换并不改变原图形的角度(图 2).

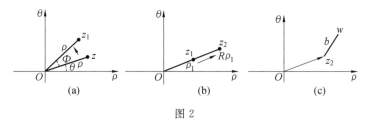

图 2

第二个基本置换 $z_2=Rz_1$($R>0$ 且为一个常数)是 z_1 平面上的一个相似变换.若设 $z_1=\rho_1 e^{i\theta}$,则我们就有 $z_2=R\rho_1 e^{i\theta_1}$,也就是,点 z_1 沿着原点与它的连线,从原点 O 移动到成正比距离 $R\rho_1$ 的地方.这是当 $R>1$ 时的情形.反过来,当 $R<1$ 时,点 z_1 就向原点移动.我们从初等几何中知道,相似变换只改变了图形的大小,而形状则保持不变,即使图形中各曲线的交角保持不变.

第三个基本置换 $w=z_2+b$ 只把整个 z_2 平面像钢体似的移动了一下,而没有旋转.这种移动是由 b 所刻画的,因为我们有 $w=z_2+b$,也就是,经过这种变换后 z_2 要移到加在它上面的 b 的终点处.图形的这种移动,保持了它的大小及形状不变,即保持了其曲线间的交角不变.

从上面所讲各点可知:由平面的旋转、相似变换及移动所结合而成的一般线性置换 $w=ax+b$ 保持图形的角不变,即这种置换给出了一个保角变换.

预备定理 2 当 $n>1$ 时,函数 $f(z)=z^n$ 在含有原点 O 的区域 D 上不可能是单叶的.

证明 设原点位于包围区域 D 的曲线 C 内.以点 O 为圆心,以 R 为半径作一个完全在区域 D 内的圆(图 3),把圆周分为 n 个等长的弧,并在分点各引半

径. 这样, 我们就得到 n 个相等的圆扇形. 不难看到, 在每个扇形中, 函数 $w=f(z)$ 都是单叶的, 并且它的数值全部填满了 w 平面上以原点为圆心, 以 R^n 为半径的整个圆 Γ. 为证明这一点, 我们注意, 当点 $z=\rho e^{i\theta}$ 遍历整个扇形 (扇形的两个边界半径的倾角各为 φ 及 $\varphi+\dfrac{2\pi}{n}$) 时, 其在 w 平面上的对应点 $w=z^n=\rho^n e^{in\theta}$ 填满了整个圆 Γ. 因为 w 的长由 O 变到 R^n, 而其倾角则由 $n\varphi$ 变到 $n\varphi+2\pi$, 所以, 当点 z 遍历圆 γ 内各处时, 则其对应点 w 有 n 次遍历了圆 Γ. 所以, 当 $n>1$ 时, 函数 $f(z)$ 在区域 D 上不是单值的.

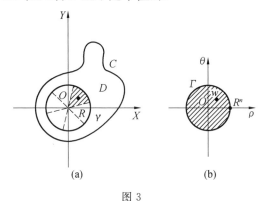

图 3

正定理 假若单叶函数 $f(z)$ 在区域 D 内处处是解析的, 则映射 $w=f(z)$ 是保角的.

证明 设函数 $f(z)$ 在区域 D 内是单叶的及解析的 (图 1). 我们知道: 每一个在 D 内解析的函数 $f(z)$ 可展开为幂级数

$$w=f(z)=a_0+a_1(z-z_0)+a_2(z-z_0)^2+\cdots+a_n(z-z_0)^n+\cdots \quad (4)$$

在以 z_0 为圆心, 不越出 D 的圆 γ 内, 这个级数是收敛的. 这里系数 $a_0, a_1, \cdots$ 都是常数, 因为它们只依赖于点 z_0, 而我们知道

$$a_0=f(z_0), a_1=f'(z_0) \quad (5)$$

不难看到, 在区域 D 内任一点 z_0 处, 导数 $f'(z)$ 不能等于零. 因为若有 $f'(z_0)=0$, 则 $a_1=0$, 于是在点 z_0 附近, 忽略高阶无穷小后, 展开式 (4) 就可写为

$$w=a_0+a_n(z-z_0)^n, n>1 \quad (6)$$

但按预备定理 2, 函数 (6) 不可能在包含 z_0 的区域 D 内是单叶的. 因此, 函数 $f(z)$ 在该区域 D 内也不能是单叶的, 但这与假定相矛盾.

因此, 在区域 D 内每一点 z_0, 我们都有 $f'(z_0)\neq 0$. 因此在点 z_0 附近, 忽略高阶无穷小后, 展开式 (4) 就可写为线性置换形式

$$w=a_0+a_1(z-z_0) \quad (7)$$

31

但由预备定理 1,经过这种置换后,相交于点 z_0 的曲线交角保持不变.因此,映射 $w=f(z)$ 在区域 D 内应该处处都是保角的.　　　　　　　（证明完毕）

逆定理　由区域 D 变到区域 D^* 的每个保角映射,只能用单叶的解析函数 $w=f(z)$ 来实现.同时,可以适当选择函数 $f(z)$,使区域 D 的点 a 变到区域 D^* 中任意选定的点 a^*,又使曲线 C 的点 b 变到曲线 C^* 上任意选定的点 b^*.在选好了点 a^* 及点 b^* 后,函数 $f(z)$ 是唯一确定的.

这种重要定理的证明,不能在初等解析课程中讲.它之所以重要,是因为它把保角变换及单叶的解析函数这两件事认为是完全相同的一件事.

微 分 方 程

§1　微分方程及它的阶数与次数

凡包含未知函数的导数或微分的方程,叫作微分方程.我们早已遇到过微分方程了,例如从微分方程

$$\frac{\mathrm{d}y}{\mathrm{d}x} = 2x \tag{1}$$

积分后,我们求得

$$y = x^2 + C \tag{2}$$

又如,积分下面的微分方程

$$\frac{\mathrm{d}y}{\mathrm{d}x} = -\frac{x}{y} \tag{3}$$

我们得到解

$$x^2 + y^2 = 2C \tag{4}$$

方程(1)及(3)是一阶方程,(2)及(4)是它们的一般解.

再举一个例子

$$\frac{\mathrm{d}^2 y}{\mathrm{d}x^2} + y = 0 \tag{5}$$

这是二阶微分方程,之所以称作二阶微分方程,是因为它的最高阶导数是二阶的.

一般说来,微分方程的阶数,就是其中所含最高阶导数的阶数.

应该把微分方程的阶数与它的次数区分开.最高阶导数,可能以各种乘方次数出现在微分方程中.其最高的次数,称为微分方程的次数.

例如微分方程

$$y''^2 = (1 + y'^2)^3 \tag{6}$$

是二阶二次的.

§2　微分方程的解与积分常量

所谓微分方程的解或积分乃变量之间的关系,从该关系式可推出所给微分方程.例如关系式

$$y = a\sin x \tag{1}$$

为微分方程

$$\frac{\mathrm{d}^2 y}{\mathrm{d}x^2} + y = 0 \tag{2}$$

的解.因为将式(1)微分两次,便有

$$\frac{\mathrm{d}^2 y}{\mathrm{d}x^2} = -a\sin x \tag{3}$$

又由(1)及(3)将 y 及 $\dfrac{\mathrm{d}^2 y}{\mathrm{d}x^2}$ 的表达式代入所给的微分方程(2),可得恒等式

$$-a\sin x + a\sin x \equiv 0 \tag{4}$$

所以微分方程(2)是恒等地满足的.而且,这时 a 还是个任意常量.同样

$$y = b\cos x$$

在 b 为任意常量时,都是微分方程(2)的解.

关系式

$$y = C_1\sin x + C_2\cos x \tag{5}$$

是微分方程(2)的更一般形式的解,因为上面两个解(1)及(4)显然包含在这个解(5)中.当我们给 C_1 及 C_2 以特殊数值时,即先设 $C_1 = a, C_2 = 0$,然后又设 $C_1 = 0, C_2 = b$,便可分别得到它们.

(5)中所含的任意常量 C_1 及 C_2 称为积分常量.凡是像(5)这样,包含与方程的阶数同样多的任意常量的解,称为一般解[①].在我们的例子中,阶数及任意

---

① 若微分方程是 n 阶的,则可证明其一般解中恒包含 n 个任意常量.这里讲的是彼此独立的任意常量,其数目是不能减少的.

常量的个数都是 2. 在一般解中,该任意常量为一定的数值,所得到的解称为特殊解. 实际上,从一般解求特殊解时,并不是直接给任意常量以一定的数值,而是根据特殊解所应适合的那些条件来求的.

例 微分方程

$$y'' + y = 0 \tag{6}$$

的一般解是 $y = C_1 \cos x + C_2 \sin x$.

求其特殊解,便得:当 $x = 0$ 时

$$y = 2 \text{ 及 } y' = -1 \tag{7}$$

解 从一般解

$$y = C_1 \cos x + C_2 \sin x \tag{8}$$

微分可得

$$y' = -C_1 \sin x + C_2 \cos x \tag{9}$$

考虑到特殊解 $y(x)$ 所应适合的条件(7),我们得到 $C_1 = 2$ 及 $C_2 = -1$. 将常量 C_1 及 C_2 的数值代入(8)中,可求得特殊解的形式为 $y = 2\cos x - \sin x$.

通常认为,当微分方程的解可以表示为含不定积分的式子时,这个解就算是求完了,而不必考虑所含积分是否可以积出来.

§3 微分方程解的验证

在讨论微分方程的解的问题之前,我们指出,用什么方法可以验证所求得或所给的解.

例 1 证明

$$y = C_1 x \cos \ln x + C_2 x \cos \ln x + x \ln x \tag{1}$$

是微分方程

$$x^2 \frac{d^2 y}{dx^2} - x \frac{dy}{dx} + 2y = x \ln x \tag{2}$$

的解.

解 对式(1)进行微分,得

$$\frac{dy}{dx} = (C_2 - C_1)\sin \ln x + (C_2 - C_1)\sin \ln x + \ln x + 1 \tag{3}$$

$$\frac{d^2 y}{dx^2} = -(C_2 + C_1)\frac{\sin \ln x}{x} + (C_2 - C_1)\frac{\cos \ln x}{x} + \frac{1}{x} \tag{4}$$

将(1)(3)(4)中的 $y, \frac{dy}{dx}$ 及 $\frac{d^2 y}{dx^2}$ 代入方程(2),我们可知,方程是恒等的.

例 2 证明

$$y^2 - 4x = 0 \tag{5}$$

是方程

$$xy'^2 - 1 = 0 \tag{6}$$

的特殊解.

解 微分式(5),得

$$yy' - 2 = 0$$

由此得

$$y' = \frac{2}{y}$$

代入式(6),化简,求得

$$x\left(\frac{2}{y}\right)^2 - 1 = 0$$

即

$$4x - y^2 = 0$$

根据等式(5)即知这个结果是完全正确的.

习　　题

证明下列各解是其对应微分方程的解.

微分方程　　　　　　　　　　　　　　　　　　解

1. $\dfrac{\mathrm{d}^2 y}{\mathrm{d}x^2} - \dfrac{2}{x}\dfrac{\mathrm{d}y}{\mathrm{d}x} + \dfrac{2y}{x^2} = 0.$ 　　　　　　$y = C_1 x + C_2 x^2.$

2. $\dfrac{\mathrm{d}^2 V}{\mathrm{d}r^2} + \dfrac{2}{r}\dfrac{\mathrm{d}V}{\mathrm{d}r} = 0.$ 　　　　　　　　$V = \dfrac{C_1}{r} + C_2.$

3. $\dfrac{\mathrm{d}^2 y}{\mathrm{d}x^2} - 7\dfrac{\mathrm{d}y}{\mathrm{d}x} + 12y = 0.$ 　　　　　$y = C_1 \mathrm{e}^{3x} + C_2 \mathrm{e}^{4x}.$

4. $\dfrac{\mathrm{d}^3 y}{\mathrm{d}x^3} - 7\dfrac{\mathrm{d}y}{\mathrm{d}x} + 6y = 0.$ 　　　　　$y = C_1 \mathrm{e}^{x} + C_2 \mathrm{e}^{2x} + C_3 \mathrm{e}^{-3x}.$

5. $8\left(\dfrac{\mathrm{d}y}{\mathrm{d}x}\right)^3 - \dfrac{12y}{x}\left(\dfrac{\mathrm{d}y}{\mathrm{d}x}\right)^2 - 27 = 0.$ 　　$C(y + C)^2 = x^3.$

6. $x\dfrac{\mathrm{d}^2 y}{\mathrm{d}x^2} + 2\dfrac{\mathrm{d}y}{\mathrm{d}x} - xy = 0.$ 　　　　$xy = C_1 \mathrm{e}^{x} + C_2 \mathrm{e}^{-x}.$

7. $\dfrac{\mathrm{d}^2 s}{\mathrm{d}t^2} + k^2 s = 0.$ 　　　　　　　　$s = C_1 \sin(kt + C_2).$

8. $\dfrac{\mathrm{d}^2 y}{\mathrm{d}x^2} + 3\dfrac{\mathrm{d}y}{\mathrm{d}x} - 10y = 2x.$ 　　　　$y = C_1 \mathrm{e}^{2x} + C_2 \mathrm{e}^{-5x} - \dfrac{x}{5} - \dfrac{3}{50}.$

9. $xy\dfrac{\mathrm{d}^2 y}{\mathrm{d}x^2} + x\left(\dfrac{\mathrm{d}y}{\mathrm{d}x}\right)^2 - y\dfrac{\mathrm{d}y}{\mathrm{d}x} = 0.$ 　　$\dfrac{x^2}{C_1} + \dfrac{y^2}{C_2} = 1.$

10. $x^2 \dfrac{\mathrm{d}^2 y}{\mathrm{d}x^2} - 5x \dfrac{\mathrm{d}y}{\mathrm{d}x} + 5y = \dfrac{1}{x}.$　　　　　$4y = \dfrac{1}{3x} + C_1 x^5 + C_2 x.$

11. $x \dfrac{\mathrm{d}y}{\mathrm{d}x} - y + x\sqrt{x^2 - y^2} = 0.$　　　　$\arcsin \dfrac{y}{x} = C - x.$

12. $\dfrac{\mathrm{d}^2 s}{\mathrm{d}t^2} + 9s = t + \dfrac{1}{2}.$　　　　　　　$s = 5\cos 3t + \dfrac{1}{9}t + \dfrac{1}{18}.$

13. $\dfrac{\mathrm{d}^2 x}{\mathrm{d}t^2} - 2\dfrac{\mathrm{d}x}{\mathrm{d}t} + x = 6\mathrm{e}^t.$　　　　　$x = \mathrm{e}^t + 2t\mathrm{e}^t + 3t^2 \mathrm{e}^t.$

14. $\dfrac{\mathrm{d}^2 x}{\mathrm{d}t^2} + 4x = 10\sin 3t.$　　　　　$x = 2(\sin 2t - \sin 3t).$

15. $\dfrac{\mathrm{d}^2 x}{\mathrm{d}t^2} + 4x = 8\sin 2t.$　　　　　$x = 2(1 - t)\cos 2t.$

16. $\dfrac{\mathrm{d}s}{\mathrm{d}t} + \dfrac{2ts}{t^2 + 1} = \dfrac{1}{t}.$　　　　　$s = \dfrac{\dfrac{1}{2}t^2 + \ln t}{t^2 + 1}.$

§4　一阶一次微分方程

所有一阶一次微分方程可写为下面的形式

$$M\mathrm{d}x + N\mathrm{d}y = 0 \qquad\qquad (\mathrm{I})$$

其中 M 及 N 为字母 x 及 y 的连续函数. 最常遇到的这种微分方程可分为下列四个类型.

第一个类型　可分离变量的方程. 当微分方程中所含的项都可以分开,使它取得下面的形式

$$f(x)\mathrm{d}x + F(y)\mathrm{d}y = 0 \qquad\qquad (1)$$

其中 $f(x)$ 只是 x 的连续函数,而 $F(y)$ 只是 y 的连续函数,那么把所给方程化到这种形式的方法,称为变量分离. 这种方程的解,可直接用积分法求得. 对式(1)积分,得到一般解

$$\int f(x)\mathrm{d}x + \int F(y)\mathrm{d}y = C \qquad\qquad (2)$$

其中 C 为任意常量.

当所给的方程不是这种简单的形式(1)时,常可用下面所讲的变量分离法把它化为这种形式.

第一步,通分去掉分母. 若方程包含导数,则用自变量的微分乘它.

第二步,把包含同一微分的各项括在一起作为一项,若经过这个过程后,方程取得形式

$$X_1 Y_1 \mathrm{d}x + X_2 Y_2 \mathrm{d}y = 0$$

其中 X_1 及 X_2 只是 x 的函数,而 Y_1 及 Y_2 只是 y 的函数,则用 $X_2 Y_1$ 来除,可把它化为形式(1).

第三步,如(2)所示,将各部分分别相乘.

例 1 解方程 $\dfrac{\mathrm{d}y}{\mathrm{d}x} = \dfrac{1 + y^2}{(1 + x^2)xy}$.

解 第一步

$$(1 + x^2)xy\mathrm{d}y = (1 + y^2)\mathrm{d}x$$

第二步

$$(1 + y^2)\mathrm{d}x - x(1 + x^2)y\mathrm{d}y = 0$$

为分离变量,以 $x(1 + x^2)(1 + y^2)$ 来除,得

$$\frac{\mathrm{d}x}{x(1 + x^2)} - \frac{y\mathrm{d}y}{1 + y^2} = 0$$

第三步

$$\int \frac{\mathrm{d}x}{x(1 + x^2)} - \int \frac{y\mathrm{d}y}{1 + y^2} = C$$

$$\int \frac{\mathrm{d}x}{x} - \int \frac{x\mathrm{d}x}{1 + x^2} - \int \frac{y\mathrm{d}y}{1 + y^2} = C$$

$$\ln x - \frac{1}{2}\ln(1 + x^2) - \frac{1}{2}\ln(1 + y^2) = C$$

$$\ln(1 + x^2)(1 + y^2) = 2\ln x - 2C$$

假若我们用 $\ln C$ 代替 $2C$,即假若给任意常量以新的形式,则可将上述结果写得更紧凑些. 我们的解就变成

$$\ln(1 + x^2)(1 + y^2) = \ln x^2 + \ln C$$

$$\ln(1 + x^2)(1 + y^2) = \ln Cx^2$$

即 $(1 + x^2)(1 + y^2) = Cx^2$.

例 2 解方程 $a\left(x \dfrac{\mathrm{d}y}{\mathrm{d}x} + 2y\right) = xy \dfrac{\mathrm{d}y}{\mathrm{d}x}$.

解 第一步

$$ax\mathrm{d}y + 2ay\mathrm{d}x = xy\mathrm{d}y$$

第二步

$$2ay\mathrm{d}x + x(a - y)\mathrm{d}y = 0$$

为了分离变量,用 xy 来除,得

$$\frac{2a\mathrm{d}x}{x} + \frac{(a - y)\mathrm{d}y}{y} = 0$$

第三步

$$2a\int \frac{\mathrm{d}x}{x} + a\int \frac{\mathrm{d}y}{y} - \int \mathrm{d}y = C$$

$$2a\ln x + a\ln y - y = C, a\ln x^2 y = C + y, \ln x^2 y = \frac{C}{a} + \frac{y}{a}$$

将对数函数化为指数函数,可将这个结果改写为

$$x^2 y = \mathrm{e}^{\frac{C}{a}+\frac{y}{a}} \ \text{或} \ x^2 y = \mathrm{e}^{\frac{C}{a}} \cdot \mathrm{e}^{\frac{y}{a}}$$

最后,用字母 C 来记常量 $\mathrm{e}^{\frac{C}{a}}$,可得

$$x^2 y = C\mathrm{e}^{\frac{y}{a}}$$

第二个类型　　齐次方程. 微分方程

$$M\mathrm{d}x + N\mathrm{d}y = 0 \tag{I}$$

假若 M 及 N 是 x 及 y 的同次的齐次函数①,则称为齐次方程. 这种微分方程,总可以利用置换

$$y = vx \tag{3}$$

积出来.

这个置换的结果导出 v 及 x 的微分方程,在这个新方程中,变量 v 及 x 是可以分离的,随之可按第一个类型的法则来积分.

事实上,由(I)得

$$\frac{\mathrm{d}y}{\mathrm{d}x} = -\frac{M}{N} \tag{4}$$

经过置换(3)后,在式(4)左边可得

$$\frac{\mathrm{d}y}{\mathrm{d}x} = x\frac{\mathrm{d}v}{\mathrm{d}x} + v \tag{5}$$

做了置换(3)之后,等式(4)的右边变为仅仅是 v 的函数. 因此利用(5)及(3),我们从(4)得到

$$x\frac{\mathrm{d}v}{\mathrm{d}x} + v = f(v) \tag{6}$$

故变量 x 及 v 是很容易分离的.

例 3　解方程 $y^2 + x^2\dfrac{\mathrm{d}y}{\mathrm{d}x} = xy\dfrac{\mathrm{d}y}{\mathrm{d}x}$.

解　　　　　　　　$y^2\mathrm{d}x + (x^2 - xy)\mathrm{d}y = 0$

这里 $M = y^2$,$N = x^2 - xy$,两个都是 x 及 y 的二次齐次函数. 因此,我们有

---

① x 及 y 的函数,若以 λx 及 λy(λ 是任意的)置换 x 及 y 后,得到原来的函数乘上 λ 的某次方,则该函数称为齐次函数,λ 的次数称为该齐次函数的次数.

$$\frac{\mathrm{d}y}{\mathrm{d}x} = \frac{y^2}{xy - x^2}$$

设 $y = vx$，置换后，结果是

$$x\frac{\mathrm{d}v}{\mathrm{d}x} + v = -\frac{v^2}{1-v}$$

或
$$v\mathrm{d}x + x(1-v)\mathrm{d}v = 0$$

为了分离变量，用 vx 来除，得

$$\frac{\mathrm{d}x}{x} + \frac{(1-v)\mathrm{d}v}{v} = 0$$

$$\int \frac{\mathrm{d}x}{x} + \int \frac{\mathrm{d}v}{v} - \int \mathrm{d}v = C$$

$$\ln x + \ln v - v = C$$

$$\ln xv = C + v, vx = e^{C+v} = e^C \cdot e^v, vx = Ce^v$$

但 $v = \frac{y}{x}$，因此一般解为

$$y = Ce^{\frac{y}{x}}$$

习　　题

一、求下列微分方程的一般解.

1. $(1+y)\mathrm{d}x - (1-x)\mathrm{d}y = 0.$ 　　答: $(1+y)(1-x) = C.$

2. $xy\mathrm{d}x + \sqrt{1-x^2}\,\mathrm{d}y = 0.$ 　　答: $y = Ce^{\sqrt{1-x^2}}.$

3. $\sqrt{1-y^2}\,\mathrm{d}x = \sqrt{1+x^2}\,\mathrm{d}y.$ 　　答: $\arcsin y = \ln C(x + \sqrt{1-x^2}).$

4. $\sqrt{1+y^2}\,\mathrm{d}x = (1-x)\mathrm{d}y.$ 　　答: $C(y + \sqrt{1+y^2}) = \sqrt{\dfrac{1+x}{1-x}}.$

5. $(1+x^2)\mathrm{d}y = \sqrt{1-y^2}\,\mathrm{d}x.$ 　　答: $\dfrac{y}{\sqrt{1-y^2}} = \dfrac{x+C}{1-Cx}.$

6. $(1+y^2)x\mathrm{d}x + (1+x^2)\mathrm{d}y = 0.$ 　　答: $\arctan y + \ln C\sqrt{1+x^2} = 0.$

7. $(2x+1)\mathrm{d}y + y^2\mathrm{d}x = 0.$ 　　答: $Ce^{-\frac{1}{y}} = \sqrt{2x+1}.$

8. $(1+2y)x\mathrm{d}x + (1+x^2)\mathrm{d}y = 0.$ 　　答: $(1+x^2)(1+2y) = C.$

9. $(1+y^2)\mathrm{d}y - y\mathrm{d}x = 0.$ 　　答: $x = \dfrac{y^2}{2} + \ln Cy.$

10. $(x+y)\mathrm{d}x + x\mathrm{d}y = 0.$ 　　答: $x^2 + 2xy = C.$

11. $(x+y)\mathrm{d}x + (y-x)\mathrm{d}y = 0.$ 　　答: $\ln(x^2+y^2) - 2\arctan\dfrac{y}{x} = C.$

12. $x\mathrm{d}y - y\mathrm{d}x = \sqrt{x^2+y^2}\,\mathrm{d}x.$ 　　　答：$1 + 2Cy - C^2x^2 = 0.$

13. $xy^2\mathrm{d}y = (x^3+y^3)\mathrm{d}x.$ 　　　答：$y^3 = 3x^3\ln Cx.$

14. $(x^2-2y^2)\mathrm{d}x + 2xy\mathrm{d}y = 0.$ 　　　答：$y^2 + x^2\ln Cx = 0.$

15. $(x^2-y^2)\mathrm{d}x = 2xy\mathrm{d}y.$ 　　　答：$y^2 = \dfrac{Cx^3 - 1}{3Cx}.$

16. $\dfrac{\mathrm{d}u}{\mathrm{d}v} = \dfrac{1+u^2}{1+v^2}.$ 　　　答：$u = \dfrac{C+v}{1-Cv}.$

17. $\sqrt{1-x^2}\,\mathrm{d}y + \sqrt{1-y^2}\,\mathrm{d}x = 0.$ 　　　答：$y\sqrt{1-x^2} + x\sqrt{1-y^2} = C.$

18. $2x^2 y\mathrm{d}y = (1+x^2)\mathrm{d}x.$ 　　　答：$y^2 = x - \dfrac{1}{x} + C.$

19. $(x^2y+x)\mathrm{d}y + (xy^2-y)\mathrm{d}x = 0.$ 　答：$xy + \ln\dfrac{y}{x} = C.$

20. $\sqrt{1-y^2}\,\mathrm{d}x = 3x^2 y\mathrm{d}y.$ 　　　21. $x\mathrm{d}y - y\mathrm{d}x = \sqrt{y^2-x^2}\,\mathrm{d}x.$

22. $(y^2-9)\mathrm{d}x + x\mathrm{d}y = 0.$ 　　　23. $(2x+y)\mathrm{d}x + (x+y)\mathrm{d}y = 0.$

24. $y^2\mathrm{d}x = (xy-x^2)\mathrm{d}y.$ 　　　25. $(\sqrt{xy}-x)\mathrm{d}y + y\mathrm{d}x = 0.$

26. $(3x+4y)\mathrm{d}y = (2x-y)\mathrm{d}x.$ 　　　27. $(x+xy^2)\mathrm{d}y - 3\mathrm{d}x = 0.$

28. $xy\mathrm{d}y - (1-y^2)\mathrm{d}x = 0.$ 　　　29. $(1+x)\mathrm{d}y - (1-x)\mathrm{d}x = 0.$

二、在下列问题中，求由变量 x 及 y 的所给数值确定的特殊解．

1. $\dfrac{\mathrm{d}x}{y} + \dfrac{\mathrm{d}y}{x} = 0; x=3, y=4.$ 　　　答：$x^2+y^2 = 25.$

2. $x(x+2y)\mathrm{d}y - y^2\mathrm{d}x = 0; x=1, y=1.$ 　答：$xy + y^2 = 2x.$

3. $(1+y^2)\mathrm{d}x - xy\mathrm{d}y = 0; x=1, y=0.$ 　答：$x^2 - y^2 = 1.$

4. $(x+y)\mathrm{d}y + (x-y)\mathrm{d}x = 0; x=0, y=1.$

5. 若曲线上每个点的切线斜率均等于 $-\dfrac{y}{x+y}$，且该曲线通过点 $(1,1)$，求曲线方程．

答：$y^2 + 2xy = 3.$

6. 若曲线上每个点的切线斜率均等于 $\dfrac{\sqrt{1-y^2}}{1+x^2}$，且该曲线通过原点，求其方程．

答：$x = \dfrac{y}{\sqrt{1-y^2}}.$

第三个类型 线性方程．y 的一阶线性方程具有下面的形式

$$\frac{\mathrm{d}y}{\mathrm{d}x} + Py = Q \qquad\qquad （\mathrm{II}）$$

其中 P 及 Q 是 x 的连续函数或常量．

同样,方程

$$\frac{\mathrm{d}x}{\mathrm{d}y} + Hx = J \qquad\qquad (\text{Ⅲ})$$

其中 H 及 J 是 y 的连续函数或常量,也是线性方程.

为积分(Ⅱ),设

$$y = uz \qquad\qquad (7)$$

其中 u 及 z 为自变量 x 的未知函数,是待定的.对式(7)微分,得

$$\frac{\mathrm{d}y}{\mathrm{d}x} = u\,\frac{\mathrm{d}z}{\mathrm{d}x} + z\,\frac{\mathrm{d}u}{\mathrm{d}x} \qquad\qquad (8)$$

由等式(7)及(8)将 y 及 $\dfrac{\mathrm{d}y}{\mathrm{d}x}$ 代入方程(Ⅱ),得

$$u\,\frac{\mathrm{d}z}{\mathrm{d}x} + z\,\frac{\mathrm{d}u}{\mathrm{d}x} + Puz = Q$$

或

$$u\,\frac{\mathrm{d}z}{\mathrm{d}x} + \left(\frac{\mathrm{d}u}{\mathrm{d}x} + Pu\right) \cdot z = Q \qquad\qquad (9)$$

我们总可以假定:第一个未知函数 $u(x)$ 使括号内的式子等于零,即可以假定

$$\frac{\mathrm{d}u}{\mathrm{d}x} + Pu = 0 \qquad\qquad (10)$$

实际上,为求这种函数 $u(x)$,只要将微分方程(10)积分即可.这是很容易做的,因为在该方程中变量 x 及 u 是可分离的.

利用所求得的函数 $u(x)$,使方程(9)中括号内的式子等于零后,解方程(9)的剩余部分

$$u\,\frac{\mathrm{d}z}{\mathrm{d}x} = Q \qquad\qquad (11)$$

便可求第二个未知函数 $z(x)$.在这个方程中,变量 x 及 z 也是可分离的.显然,所求得的函数 $u(x)$ 及 $z(x)$ 是适合方程(9)的.故线性方程的解由公式(7)所给出.

下面的例子说明了详细做法.

例 4 解方程

$$\frac{\mathrm{d}y}{\mathrm{d}x} - \frac{2y}{x+1} = (x+1)^{\frac{5}{2}} \qquad\qquad (12)$$

解 显然,这个方程是线性的,具有(Ⅱ)的形式,其中

$$P = -\frac{2}{x+1},\ Q = (x+1)^{\frac{5}{2}}$$

设 $y = uz$,则

$$\frac{\mathrm{d}y}{\mathrm{d}x} = u\frac{\mathrm{d}z}{\mathrm{d}x} + z\frac{\mathrm{d}u}{\mathrm{d}x}$$

代入所给方程(12)中,得

$$u\frac{\mathrm{d}z}{\mathrm{d}x} + z\frac{\mathrm{d}u}{\mathrm{d}x} - \frac{2uz}{1+x} = (x+1)^{\frac{5}{2}}$$

或

$$u\frac{\mathrm{d}z}{\mathrm{d}x} + \left(\frac{\mathrm{d}u}{\mathrm{d}x} - \frac{2u}{1+x}\right)z = (x+1)^{\frac{5}{2}} \qquad (13)$$

第一个因子 $u(x)$,可把括号内的式子等于零后定出.这就有

$$\frac{\mathrm{d}u}{\mathrm{d}x} - \frac{2u}{1+x} = 0$$

或

$$\frac{\mathrm{d}u}{u} = \frac{2\mathrm{d}x}{1+x}$$

积分后,求得 $\ln u = 2\ln(1+x)$.由此

$$u = \mathrm{e}^{2\ln(1+x)} = [\mathrm{e}^{\ln(1+x)}]^2 = (1+x)^2 ^① \qquad (14)$$

有了这个函数 $u(x)$,方程(13)就变为

$$u\frac{\mathrm{d}z}{\mathrm{d}x} = (x+1)^{\frac{5}{2}} \qquad (13^*)$$

因为含有因子 z 的这一项变成了零,鉴于(14),所以我们可把 (13^*) 写成

$$\frac{\mathrm{d}z}{\mathrm{d}x} = (x+1)^{\frac{1}{2}}$$

积分后,得

$$\mathrm{d}z = (x+1)^{\frac{1}{2}}\mathrm{d}x$$

即

$$z = \frac{2}{3}(x+1)^{\frac{3}{2}} + C \qquad (15)$$

将(14)及(15)代入等式 $y = uz$,最后得到一般解

$$y = \frac{2(x+1)^{\frac{7}{2}}}{2} + C(x+1)^2$$

例 5　试导出方程(Ⅱ)的一般解的公式.

解　解(10),得

$$\ln u + \int P\mathrm{d}x = \ln k$$

其中 $\ln k$ 为积分常量.由此得

$$u = k\mathrm{e}^{-\int P\mathrm{d}x}$$

---

① 由自然对数的定义即知,$\mathrm{e}^{\ln N} = N$.为简单起见,确定 $u(x)$ 时,我们设任意常量为零.

将函数 $u(x)$ 代入(11),并分离变量 x 及 z,求得

$$\mathrm{d}z = \frac{Q}{k}\mathrm{e}^{\int P\mathrm{d}x}\,\mathrm{d}x$$

积分后,代入(7),最后得

$$y = \mathrm{e}^{-\int P\mathrm{d}x}\left(\int Q\mathrm{e}^{\int P\mathrm{d}x}\,\mathrm{d}x + C\right)$$

这里要注意,常量 k 并不出现在最后的结果中.因此,解方程(10)时,可以不写它.

第四个类型　可化为线性形式的方程.有些方程,本身并不是线性的,但可以利用适当变换,变为线性形式.这种方程的一种类型是

$$\frac{\mathrm{d}y}{\mathrm{d}x} + Py = Qy^n \qquad\qquad (\text{Ⅳ})$$

其中 P 及 Q 只是 x 的连续函数或常量.利用置换 $z = y^{-n+1}$,可将方程(Ⅳ)变为线性形式(Ⅱ).然而,假若我们直接利用求第三个类型方程的解的一般方法,那就不必这样化了.

我们用例子来说明它.

例 6　解方程

$$\frac{\mathrm{d}y}{\mathrm{d}x} + \frac{y}{x} = a(\ln x)y^2 \qquad\qquad (16)$$

解　该方程具有方程(Ⅳ)的形式,这里

$$P = \frac{1}{x},\ Q = a\ln x,\ n = 2$$

设 $y = uz$,则 $\dfrac{\mathrm{d}y}{\mathrm{d}x} = u\dfrac{\mathrm{d}z}{\mathrm{d}x} + z\dfrac{\mathrm{d}u}{\mathrm{d}x}$,代入(16),求得

$$u\frac{\mathrm{d}z}{\mathrm{d}x} + z\frac{\mathrm{d}u}{\mathrm{d}x} + \frac{uz}{x} = a\ln x \cdot u^2 z^2$$

即

$$u\frac{\mathrm{d}z}{\mathrm{d}x} + \left(\frac{\mathrm{d}u}{\mathrm{d}x} + \frac{u}{x}\right)z = a\ln x \cdot u^2 z^2 \qquad\qquad (17)$$

令括号内的式子等于零,求第一个因子 u.这给出了

$$\frac{\mathrm{d}u}{\mathrm{d}x} + \frac{u}{x} = 0,\ \frac{\mathrm{d}u}{u} = -\frac{\mathrm{d}x}{x}$$

积分后,得 $\ln x = -\ln x = \ln\dfrac{1}{x}$,随之

$$u = \frac{1}{x} \qquad\qquad (18)$$

用所求得的函数 $u(x)$ 代入方程(17)后,得

$$u\frac{\mathrm{d}z}{\mathrm{d}x}=a\ln x \cdot u^2 z^2$$

由此
$$\frac{\mathrm{d}z}{\mathrm{d}x}=a\ln x \cdot uz^2$$

代入等式(18)所给出的函数 $u(x)$，得

$$\frac{\mathrm{d}z}{\mathrm{d}x}=a\ln x \cdot \frac{z^2}{x}$$

即
$$\frac{\mathrm{d}z}{z^2}=a\ln x \cdot \frac{\mathrm{d}x}{x}$$

积分后，求得 $-\dfrac{1}{z}=\dfrac{a(\ln x)^2}{2}+C$，由此得

$$z=-\frac{2}{a(\ln x)^2+2C} \qquad (19)$$

由式(18)及(19)将 u 及 z 的表达式代入等式 $y=u \cdot z$ 中，得一般解

$$y=-\frac{1}{x} \cdot \frac{2}{a(\ln x)^2+2C}$$

或
$$xy[a(\ln x)^2+2C]+2=0$$

习　　题

一、求下列微分方程的一般解.

1. $\dfrac{\mathrm{d}y}{x\,y}+y=\mathrm{e}^{-x}$. 　　　　　答：$y=(x+C)\mathrm{e}^{-x}$.

2. $\dfrac{\mathrm{d}y}{\mathrm{d}x}-\dfrac{ny}{x}=\mathrm{e}^x x^n$. 　　　　　答：$y=x^n(\mathrm{e}^x+C)$.

3. $\dfrac{\mathrm{d}y}{\mathrm{d}x}+\dfrac{ny}{x}=\dfrac{a}{x^n}$. 　　　　　答：$y=\dfrac{ax+C}{x^n}$.

4. $\dfrac{\mathrm{d}s}{\mathrm{d}t}\cos t+s \cdot \sin t=1$. 　　　答：$s=\sin t+C \cdot \cos t$.

5. $\dfrac{\mathrm{d}s}{\mathrm{d}t}+s \cdot \cos t=\dfrac{1}{2}\sin 2t$. 　　答：$s=\sin t-1+C\mathrm{e}^{-\sin t}$.

6. $\dfrac{\mathrm{d}y}{\mathrm{d}x}-\dfrac{2y}{x+1}=(x+1)^3$. 　　答：$2y=(x+1)^4+C(x+1)^2$.

7. $\dfrac{\mathrm{d}y}{\mathrm{d}x}-\dfrac{ay}{x}=\dfrac{x+1}{x}$. 　　　答：$y=Cx^a+\dfrac{x}{1-a}-\dfrac{1}{a}$.

8. $\dfrac{\mathrm{d}y}{\mathrm{d}x}+xy=x^3 y^3$. 　　　　答：$\dfrac{1}{y^2}=x^2+1+C\mathrm{e}^{x^2}$.

9. $x\dfrac{\mathrm{d}y}{\mathrm{d}x}+y=y^2\ln x.$ 答: $\dfrac{1}{y}=1+Cx+\ln x.$

10. $\dfrac{\mathrm{d}y}{\mathrm{d}x}+\dfrac{(1-2x)y}{x^2}=1.$ 答: $y=x^2(1+C\mathrm{e}^{\frac{1}{x}}).$

11. $3\dfrac{\mathrm{d}y}{\mathrm{d}x}+\dfrac{2y}{x+1}=\dfrac{x^3}{y^3}.$

答: $60y^3(x+1)^2=10x^6+20x^5+15x^4+C.$

12. $\dfrac{\mathrm{d}y}{\mathrm{d}x}+\dfrac{y}{(1-x^2)^{\frac{3}{2}}}=\dfrac{x+\sqrt{1-x^3}}{(1-x^2)^2}.$ 答: $y=C\mathrm{e}^{-\frac{x}{\sqrt{1-x^2}}}+\dfrac{x}{\sqrt{1-x^2}}.$

13. $\dfrac{\mathrm{d}y}{\mathrm{d}x}+\dfrac{4xy}{x^2+1}=\dfrac{1}{(x^2+1)^3}.$ 答: $y(x^2+1)^2=\arctan x+C.$

14. $\dfrac{\mathrm{d}y}{\mathrm{d}x}-y\cot x=y^3\csc x.$ 答: $y=\dfrac{\sin x}{\sqrt{2\cos x+C}}.$

15. $\dfrac{\mathrm{d}y}{\mathrm{d}x}=x+y.$ 16. $\dfrac{\mathrm{d}y}{\mathrm{d}x}=x^2+y.$

17. $\dfrac{\mathrm{d}s}{\mathrm{d}t}\sin t+2s\cos t=\sin 2t.$ 18. $\dfrac{\mathrm{d}y}{\mathrm{d}x}+\dfrac{y}{\sqrt{x^2+1}}=\sqrt{x^2+1}.$

19. $\dfrac{\mathrm{d}y}{\mathrm{d}x}+2y=\mathrm{e}^{5x}.$ 20. $\dfrac{\mathrm{d}y}{\mathrm{d}x}+\dfrac{3y}{x}=\mathrm{e}^{x^2}.$

21. $\dfrac{\mathrm{d}y}{x}-4y=\sin 3x.$ 22. $x\dfrac{\mathrm{d}y}{\mathrm{d}x}+2y=x^5y^2.$

23. $y\dfrac{\mathrm{d}y}{\mathrm{d}x}+\dfrac{y^2}{x}=\cos x.$ 24. $x^3\dfrac{\mathrm{d}y}{\mathrm{d}x}+4y=12.$

二、由下列问题中所给的 x 及 y 的数值,求特殊解.

1. $x\dfrac{\mathrm{d}y}{\mathrm{d}x}-2y=x^3\mathrm{e}^x;x=1,y=0.$ 答: $y=x^2(\mathrm{e}^x-\mathrm{e}).$

2. $x\dfrac{\mathrm{d}y}{\mathrm{d}x}+y=3;x=1,y=0.$ 答: $xy=3(x-1).$

3. $\dfrac{\mathrm{d}y}{\mathrm{d}x}+y\tan x=\sec x;x=0,y=0.$ 答: $y=\sin x.$

4. $x\dfrac{\mathrm{d}y}{\mathrm{d}x}+y=x+1;x=2,y=3.$ 答: $y=\dfrac{2}{x}+\dfrac{x}{2}+1.$

5. 求曲线方程,其切线斜率在每一点处等于 $y+2x$,且该曲线通过原点.
答: $y=2(\mathrm{e}^x-x-1).$

6. 求曲线方程,其切线斜率在每一点处等于 $xy(x^2y^2-1)$,且该曲线通过点 $(0,1).$

答: $y^2=\dfrac{1}{x^2+1}.$

§5　高阶微分方程的两个特殊类型

第一个类型　我们常遇到

$$\frac{\mathrm{d}^n y}{\mathrm{d}x^n} = X \qquad\qquad (\text{Ⅰ})$$

其中 X 只是 x 的函数或常量.

为对它积分,将它的两边各乘以 $\mathrm{d}x$,积分后得

$$\frac{\mathrm{d}^{n-1} y}{\mathrm{d}x^{n-1}} = \int \frac{\mathrm{d}^n y}{\mathrm{d}x^n} \mathrm{d}x = \int X \mathrm{d}x + C_1$$

继续这样下去,再做 $n-1$ 次,则得包含 n 个任意常量的一般解.

例 1　解微分方程 $\dfrac{\mathrm{d}^3 y}{\mathrm{d}x^3} = x\mathrm{e}^x$.

解　两边乘以 $\mathrm{d}x$,积分后得

$$\frac{\mathrm{d}^2 y}{\mathrm{d}x^2} = \int x\mathrm{e}^x \mathrm{d}x + C_1$$

或

$$\frac{\mathrm{d}^2 y}{\mathrm{d}x^2} = x\mathrm{e}^x - \mathrm{e}^x + C_1$$

再重复这步做法,得

$$\frac{\mathrm{d}y}{\mathrm{d}x} = \int x\mathrm{e}^x \mathrm{d}x - \int \mathrm{e}^x \mathrm{d}x + \int C_1 \mathrm{d}x$$

即

$$\frac{\mathrm{d}y}{\mathrm{d}x} = x\mathrm{e}^x - 2\mathrm{e}^x + C_1 x + C_2$$

最后

$$y = \int x\mathrm{e}^x \mathrm{d}x - \int 2\mathrm{e}^x \mathrm{d}x + \int C_1 x \mathrm{d}x + \int C_2 \mathrm{d}x + C_3 =$$

$$x\mathrm{e}^x - 3\mathrm{e}^x + \frac{C_1}{2} x^2 + C_2 x + C_3$$

即

$$y = x\mathrm{e}^x - 3\mathrm{e}^x + C_1 x^2 + C_2 x + C_3$$

第二个类型　它是

$$\frac{\mathrm{d}^2 y}{\mathrm{d}x^2} = Y \qquad\qquad (\text{Ⅱ})$$

其中 Y 只是 y 的函数. 这种类型有很大的意义.

这类微分方程的积分法如下.

先写出等式

47

$$\mathrm{d}y' = Y\mathrm{d}x$$

两边各乘以 y'，得

$$y'\mathrm{d}y' = Yy'\mathrm{d}x$$

但 $y'\mathrm{d}x = \mathrm{d}y$，因此可得

$$y'\mathrm{d}y' = Y\mathrm{d}y$$

现在，变量 y 及 y' 是分离的，积分后，得

$$\frac{1}{2}y'^2 = \int Y\mathrm{d}y + C_1$$

这个等式的右边只有 y 的函数，取两边的平方根，我们可以分离变量 x 及 y，再积分，即得所求解.

下面的例子说明这种方法的用法.

例 2　解微分方程

$$\frac{\mathrm{d}^2 y}{\mathrm{d}x^2} + a^2 y = 0$$

解　这里 $\dfrac{\mathrm{d}y'}{\mathrm{d}x} = \dfrac{\mathrm{d}^2 y}{\mathrm{d}x^2} = -a^2 y$，方程是属于（Ⅱ）型的. 两边各乘以 $y'\mathrm{d}x$，依照上面所讲的来做，得

$$y'\mathrm{d}y' = -a^2 y\mathrm{d}y$$

积分后：$\dfrac{1}{2}y'^2 = -\dfrac{1}{2}a^2 y^2 + C, y' = \sqrt{2C - a^2 y^2}, \dfrac{\mathrm{d}y}{\mathrm{d}x} = \sqrt{C_1 - a^2 y^2}$，其中 $C_1 = 2C$. 根据系数取正值，分离变量，得

$$\frac{\mathrm{d}y}{\sqrt{C_1 - a^2 y^2}} = \mathrm{d}x$$

再积分一次得

$$\frac{1}{a}\arcsin\frac{ay}{\sqrt{C_1}} = x + C_2$$

即

$$\arcsin\frac{ay}{\sqrt{C_1}} = ax + aC_2$$

但我们由反三角函数的定义即知，这个等式相当于下面的等式

$$\frac{ay}{\sqrt{C_1}} = \sin a(x + C_2) = \sin ax \cos aC_2 + \cos ax \sin aC_2$$

故得

$$y = \frac{\sqrt{C_1}}{a}\cos aC_2 \sin ax + \frac{\sqrt{C_1}}{a}\sin aC_2 \cos ax$$

由此最后得

$$y = c_1 \sin ax + c_2 \cos ax$$

习　　题

求下列微分方程的一般解.

1. $\dfrac{\mathrm{d}^2 x}{\mathrm{d}t^2} = t^2$.　　　　　答：$x = \dfrac{t^4}{12} + C_1 t + C_2$.

2. $\dfrac{\mathrm{d}^2 x}{\mathrm{d}t^2} = x$.　　　　　答：$x = C_1 \mathrm{e}^t + C_2 \mathrm{e}^{-t}$.

3. $\dfrac{\mathrm{d}^2 x}{\mathrm{d}t^2} = 4\sin 2t$.　　　答：$x = -\sin 2t + C_1 t + C_2$.

4. $\dfrac{\mathrm{d}^2 x}{\mathrm{d}t^2} = \mathrm{e}^{2t}$.　　　　　答：$x = \dfrac{\mathrm{e}^{2t}}{4} + C_1 t + C_2$.

5. $\dfrac{\mathrm{d}^2 s}{\mathrm{d}t^2} = \dfrac{1}{(s+1)^3}$.　　　答：$C_1(s+1)^2 = (C_1 t + C_2)^2 + 1$.

6. $\dfrac{\mathrm{d}^2 s}{\mathrm{d}t^2} = \dfrac{1}{\sqrt{as}}$.　　　答：$3t = 2a^{\frac{1}{4}} (s^{\frac{1}{2}} - 2C_1)(s^{\frac{1}{2}} + C_1)^{\frac{1}{2}} + C_2$.

7. $\dfrac{\mathrm{d}^2 y}{\mathrm{d}t^2} = \dfrac{a}{y^3}$.　　　　答：$C_1 y^2 = a + (C_1 t + C_2)^2$.

8. $\dfrac{\mathrm{d}^2 y}{\mathrm{d}x^2} + \dfrac{a^2}{y^2} = 0$.

答：$\sqrt{C_1 y^2 + y} - \dfrac{1}{\sqrt{C_1}} \ln(\sqrt{C_1 y} + \sqrt{1 + C_1 y}) = aC_1 \sqrt{2}\, x + C_2$.

9. $\dfrac{\mathrm{d}^2 s}{\mathrm{d}t^2} + \dfrac{k}{s^2} = 0$，已知 $t = 0$ 时，$s = a$ 及 $\dfrac{\mathrm{d}s}{\mathrm{d}t} = 0$，求 t.

答：$t = -\sqrt{\dfrac{a}{2k}} \left(\sqrt{as - s^2} + a\arcsin\sqrt{\dfrac{a-s}{a}}\right)$.

10. $\dfrac{\mathrm{d}^2 y}{\mathrm{d}x^2} = x\sin x$.　　11. $\dfrac{\mathrm{d}^2 s}{\mathrm{d}t^2} = a\cos nt$.　　12. $\dfrac{\mathrm{d}^2 y}{\mathrm{d}x^2} = 4y$.

§6　降　阶　法

我们下面讲微分方程经过适当的变换后,可以降阶的几种情形.

第一种情形　当微分方程不包含未知函数 y,而只包含 x 及导数 $y', y'', \cdots$ 时,则微分方程可以用一个比它低一阶的方程代替.

事实上,设有不包含 y 的微分方程 $\Phi[x, y', y'', \cdots, y^{(n)}] = 0$,我们可将

y'（不是 y）当作未知函数. 这时

$$y'' = \frac{\mathrm{d}y'}{\mathrm{d}x}, y''' = \frac{\mathrm{d}^2 y'}{\mathrm{d}x^2}, \cdots, y^{(n)} = \frac{\mathrm{d}^{n-1} y'}{\mathrm{d}x^{n-1}}$$

因而，我们得到未知函数 y' 的一个 $n-1$ 阶微分方程，它已经不是 n 阶的方程了.

若我们能求出这个新的未知函数 y'，并把它表示为 x 的函数，则 y 就可以用一次积分来表示.

例 1　求一曲线，其曲率等于横坐标的已知函数 $\varphi'(x)$.

解　令函数 $\varphi'(x)$ 等于曲率的表达式，得到所求曲线的微分方程

$$\frac{y''}{(1 + y'^2)^{\frac{3}{2}}} = \varphi'(x)$$

在这个方程中，未知函数 y 并没有出现. 因此，取 y' 为未知函数后，二阶可降到一阶. 这样，就有

$$\frac{\mathrm{d}y'}{(1 + y'^2)^{\frac{3}{2}}} = \varphi'(x)\mathrm{d}x$$

由此，积分一次，用 c 表示积分常数，得

$$\frac{y'}{\sqrt{1 + y'^2}} = \varphi(x) + c$$

用代数方法解出这个方程的未知量 y'，得

$$y' = \frac{\varphi + c}{\sqrt{1 - (\varphi + c)^2}}$$

故

$$\mathrm{d}y = \frac{(\varphi + c)\mathrm{d}x}{\sqrt{1 - (\varphi + c)^2}}$$

由此，积分一次，可得未知函数

$$y = \int \frac{(\varphi + c)\mathrm{d}x}{\sqrt{1 - (\varphi + c)^2}} + C$$

其中 C 为第二个任意常量，这是应当有的，因为决定未知函数的微分方程原来是二阶的.

第二种情形　当微分方程中不含有自变量 x 的显式时，则恒可用低一阶的方程来代替它.

事实上，设

$$\Phi\left(y, \frac{\mathrm{d}y}{\mathrm{d}x}, \frac{\mathrm{d}^2 y}{\mathrm{d}x^2}, \cdots, \frac{\mathrm{d}^n y}{\mathrm{d}x^n}\right) = 0$$

为所给的方程. 由

$$\frac{\mathrm{d}y}{\mathrm{d}x} = y'$$

我们有

$$\frac{\mathrm{d}^2 y}{\mathrm{d} x^2} = \frac{\mathrm{d} y'}{\mathrm{d} x} = \frac{\mathrm{d} y'}{\mathrm{d} y} \cdot \frac{\mathrm{d} y}{\mathrm{d} x} = y' \frac{\mathrm{d} y'}{\mathrm{d} y}$$

$$\frac{\mathrm{d}^3 y}{\mathrm{d} x^3} = \frac{\mathrm{d}}{\mathrm{d} y}\left(y' \frac{\mathrm{d} y'}{\mathrm{d} y}\right) \cdot y' = \frac{\mathrm{d}^2 y'}{\mathrm{d} y^2} y'^2 + \left(\frac{\mathrm{d} y'}{\mathrm{d} y}\right)^2 y'$$

$$\frac{\mathrm{d}^4 y}{\mathrm{d} x^4} = \frac{\mathrm{d}}{\mathrm{d} y}\left[\frac{\mathrm{d}^2 y'}{\mathrm{d} y^2} y'^2 + \left(\frac{\mathrm{d} y'}{\mathrm{d} y}\right)^2 y'\right] \cdot y' = \cdots$$

我们看到,取 y' 为未知函数,而 y 为自变量,可将方程降低一阶,因而把方程写为下面的形式

$$F\left(y, y', \frac{\mathrm{d} y'}{\mathrm{d} y}, \cdots, \frac{\mathrm{d}^{n-1} y'}{\mathrm{d} y^{n-1}}\right) = 0$$

当求得 y' 为 y 的函数时,亦即求得

$$y' = \varphi(y)$$

时,则分离变量后可得 y. 因为由

$$\frac{\mathrm{d} y}{\mathrm{d} x} = \varphi(y)$$

可得

$$\mathrm{d} x = \frac{\mathrm{d} y}{\varphi(y)}$$

所以

$$x = \int \frac{\mathrm{d} y}{\varphi(y)}$$

例 2 求一曲线,其曲率半径正比于其法距.

解 取曲率半径 R 的表达式为 $R = \dfrac{(1 + y'^2)^{\frac{3}{2}}}{y''}$,又取法距表达式为 $y\sqrt{1 + y'^2}$,用 n 表示比例系数,我们得到所求曲线的微分方程

$$\frac{(1 + y'^2)^{\frac{3}{2}}}{y''} = n y \sqrt{1 + y'^2}$$

化简为

$$\frac{1 + y'^2}{y''} = n y \tag{I}$$

这个方程不包含字母 x. 按所讲法则,我们有 $y'' = \dfrac{\mathrm{d} y'}{\mathrm{d} x} = \dfrac{\mathrm{d} y'}{\mathrm{d} y} \cdot y'$.

因此,微分方程可写为

$$1 + y'^2 = n y y' \frac{\mathrm{d} y'}{\mathrm{d} y}$$

或

$$n \frac{y' \mathrm{d} y'}{1 + y'^2} = \frac{\mathrm{d} y}{y}$$

积分后,以 c 表示积分常量,求得

$$\frac{n}{2}\ln(1+y'^2)=\ln cy$$

亦即

$$cy=(1+y'^2)^{\frac{n}{2}} \tag{1}$$

这里,可依照上面所讲的法则来做,也就是,先由方程定出 y' 为 y 的函数,然后分离变量,积分所得的等式.但比较简单的做法如下.先将所得等式微分

$$cy'\mathrm{d}x=ny'(1+y'^2)^{\frac{n}{2}-1}\mathrm{d}y'$$

化简 $\qquad\qquad\qquad c\mathrm{d}x=n(1+y'^2)^{\frac{n}{2}-1}\mathrm{d}y'$

积分后得

$$cx=n\int(1+y'^2)^{\frac{n}{2}-1}\mathrm{d}y' \tag{2}$$

这个等式在算出右边的不定积分出现第二个任意常量 C_1 后,直接给出用 y' 表示 x 的表达式.

比较所得的等式(1)及(2),由此消去 y',我们可得 y 与 x 之间的关系式,并有两个任意常量 C 及 C_1.这两个任意常量是应当有的,因为曲线的微分方程 (1) 是一个二阶方程.

若比例系数 n 是整数,则方程(2)总能给出用 y' 的代数或对数(包括 arctan)函数表示的 x.最值得注意的情形如下:

①$n=1$.这时由方程(2)得

$$cx=\ln(y'+\sqrt{1+y'^2}) \tag{3}$$

我们这里不写常量 C_1,因为写进去只不过变换了坐标.由方程(1)及(3)消去字母 y',得

$$cy=\frac{\mathrm{e}^{cx}+\mathrm{e}^{-cx}}{2}$$

这是悬链线.

②$n=-1$.这时由方程(2)得

$$cx=-\frac{y'}{\sqrt{1+y'^2}} \tag{4}$$

和上面的理由一样,不写常量 C_1.由方程(1)及(4)消去 y',得

$$cx^2+cy^2=1$$

即得曲线为圆.

③$n=2$.这时由方程(2)得

$$cx=2y' \tag{5}$$

由(1)及(5)消去 y',得

$$cy=1+\frac{c^2x^2}{4}$$

即得曲线为抛物线.

④$n=-2$. 设 $y'=\tan\dfrac{\varphi}{2}$ 及 $\dfrac{1}{c}=2a$. 由方程(2)得

$$x=-a(\sin\varphi+\varphi) \tag{6}$$

由方程(1)得

$$y=a(1+\cos\varphi) \tag{7}$$

以 $\pi-\varphi$ 代 φ,x 代 $x+a\pi$,最后得

$$y=a(1-\cos\varphi),x=a(\varphi-\sin\varphi)$$

这是摆线.

这样,只变化 n 的整数值,即可得各种闻名已久的曲线. 这表示,这些曲线实际上都具有同一几何性质.

第三种情形 当方程对于 $y,\dfrac{\mathrm{d}y}{\mathrm{d}x},\dfrac{\mathrm{d}^2y}{\mathrm{d}x^2},\cdots$ 来说是齐次时,就可降低其阶数.

为此,只需设

$$y=\mathrm{e}^{\int z\mathrm{d}x}$$

于是

$$\frac{\mathrm{d}y}{\mathrm{d}x}=\mathrm{e}^{\int z\mathrm{d}x}\cdot z$$

$$\frac{\mathrm{d}^2y}{\mathrm{d}x^2}=\mathrm{e}^{\int z\mathrm{d}x}\cdot z^2+\mathrm{e}^{\int z\mathrm{d}x}\cdot\frac{\mathrm{d}z}{\mathrm{d}x}$$

$$\vdots$$

假若将这些表达式代入所设的方程中,则方程中每项都得到一个因子 $\mathrm{e}^{\int z\mathrm{d}x}$,其次数即为齐次方程的次数. 将这个公共因子括起来,并消去它(因为它不会等于零),我们得到对于字母 z 的新的微分方程. 因为用 z 对 x 的导数表示 $\dfrac{\mathrm{d}^ky}{\mathrm{d}x^k}$ 时,阶数不高于 $k-1$,所以新的微分方程的阶数比所给的微分方程的阶数低.

例3 降低方程 $xyy''+xy'^2-yy'=0$ 的阶数.

解 因为方程对于 y,y' 及 y'' 是齐次的,所以按一般法则,设 $y=\mathrm{e}^{\int z\mathrm{d}x}$,求得 $y'=\mathrm{e}^{\int z\mathrm{d}x}\cdot z$ 及 $y''=\mathrm{e}^{\int z\mathrm{d}x}z^2+\mathrm{e}^{\int z\mathrm{d}x}\cdot z'$. 由此,将 y,y' 及 y'' 的表达式代入原方程中,得

$$x\mathrm{e}^{\int z\mathrm{d}x}(\mathrm{e}^{\int z\mathrm{d}x}z^2+\mathrm{e}^{\int z\mathrm{d}x}z')+x\mathrm{e}^{2\int z\mathrm{d}x}z^2-\mathrm{e}^{2\int z\mathrm{d}x}z=0$$

消去因子 $\mathrm{e}^{2\int z\mathrm{d}x}$ 后,得

$$x(z^2+z')+xz^2-z=0$$

这是一阶方程,我们已把原方程降低了一阶.

我们不难将原方程解到底.事实上,注意到$(yy')' = yy'' + y'^2$,我们就可将原方程改写为

$$x(yy')' = yy'$$

由此设 $yy' = u$,就有 $xu' = u$. 随之,$\dfrac{u'}{u} = \dfrac{1}{x}$,即 $(\ln u)' = \dfrac{1}{x}$,积分后,得 $\ln u = \ln x + \ln c$,其中 c 为任意常量. 因此 $u = cx$. 将所得函数 u 代入方程 $yy' = u$ 中,得 $yy' = cx$. 由此 $2yy' = 2cx$,即 $(y^2)' = 2xc$,再积分,得 $y^2 = cx^2 + c_1$,其中 c_1 是第二个任意常量. 最后得 $y = \sqrt{cx^2 + c_1}$.

§7　二阶线性齐次方程的一般积分的形式

微分方程

$$\frac{\mathrm{d}^2 y}{\mathrm{d}x^2} + p\,\frac{\mathrm{d}y}{\mathrm{d}x} + qy = 0 \tag{Ⅰ}$$

其中 p 及 q 只是 x 的连续函数(在特殊情形下可以是常数),称为二阶线性齐次方程,或者叫作缺右边部分的方程.

假若方程右边不是零而是 x 的一个连续函数 X

$$\frac{\mathrm{d}^2 y}{\mathrm{d}x^2} + p\,\frac{\mathrm{d}y}{\mathrm{d}x} + qy = X \tag{Ⅱ}$$

则该方程称为二阶线性非齐次方程,或者叫作带右边部分的方程.

现在,我们的目标是:求齐次方程的一般积分的形式.

为此,我们依据下面的定理. 这个定理是没有什么特殊情形的,因此在下面的讲解中,我们把它看作一个原理:

假若齐次方程的系数 p 及 q 都是 x 在线段 $[a,b]$ 上的连续函数,则该方程的每一个特殊解一定是在 $[a,b]$ 上连续的.

为求一般解的形式,我们取一个已定好的、不恒等于零的特殊解 $y_1(x)$. 设 $y_1(x_0) \neq 0$,其中 x_0 为线段 $[a,b]$ 上的一个固定点.

用 $y(x)$ 表示齐次方程的任一特殊解,我们有

$$\frac{\mathrm{d}^2 y}{\mathrm{d}x^2} + p\,\frac{\mathrm{d}y}{\mathrm{d}x} + qy = 0 \tag{1}$$

及

$$\frac{\mathrm{d}^2 y_1}{\mathrm{d}x^2} + p\,\frac{\mathrm{d}y_1}{\mathrm{d}x} + qy_1 = 0 \tag{2}$$

用 y_1 乘式（1），y_2 乘式（2），然后相减，得

$$\frac{y_1 \mathrm{d}^2 y - y_2 \mathrm{d}^2 y_1}{\mathrm{d}x^2} + p \cdot \frac{y_1 \mathrm{d}y - y_2 \mathrm{d}y_1}{\mathrm{d}x} = 0 \tag{3}$$

设

$$\frac{y_1 \mathrm{d}y - y \mathrm{d}y_1}{\mathrm{d}x} = z \tag{4}$$

我们看到，（3）可以改写为

$$\frac{\mathrm{d}z}{\mathrm{d}x} + p \cdot z = 0$$

由此，分离变量后，得到

$$z = C_2 \cdot \mathrm{e}^{-\int_{x_0}^{x} p \mathrm{d}t} \tag{5}$$

其中 C_2 为任意常量.

另外，等式（4）可改写为

$$\frac{\mathrm{d}y}{\mathrm{d}x} + y \cdot \left(-\frac{1}{y_1} \frac{\mathrm{d}y_1}{\mathrm{d}x} \right) = \frac{z}{y_1} \tag{6}$$

这是 y 的一阶线性方程，其中 y_1 及 z 都是已知函数. 因此，对于方程（6），应用一阶线性方程的微分法则（§4，类型 Ⅲ），我们求得表达式

$$y = \mathrm{e}^{\int_{x_0}^{x} \frac{\mathrm{d}y_1}{y_1}} \left(\int_{x_0}^{x} \frac{z}{y_1} \cdot \mathrm{e}^{-\int_{x_0}^{t} \frac{\mathrm{d}y_1}{y_1}} \mathrm{d}t + C_1 \right) \tag{7}$$

其中 C_1 为任意常量. 如果算出了积分

$$\int_{x_0}^{x} \frac{\mathrm{d}y_1}{y_1} = \ln y_1(x) - \ln y_1(x_0) = \ln \frac{y_1(x)}{y_1(x_0)}$$

并将它的值代入式（7），那么式（7）可变得很简单. 事实上，我们得到

$$y = y_1 \left(\int_{x_0}^{x} \frac{z}{y_1^2} \mathrm{d}t + C_1 \right)$$

由公式（5），将 z 的表达式代入，最后可得

$$y(x) = C_1 y_1(x) + C_2 y_1(x) \cdot \int_{x_0}^{x} \frac{\mathrm{e}^{-\int_{t_0}^{t} p(a)\mathrm{d}a}}{y_1^2(t)} \mathrm{d}t \tag{8}$$

这样，二阶齐次方程的一般积分可写为

$$y(x) = C_1 y_1(x) + C_2 y_2(x) \tag{9}$$

其中 $y_1(x)$ 及 $y_2(x)$ 为该齐次方程的两个特殊解，而 C_1 及 C_2 为任意常量[①].

这时，应当特别注意：第一个特殊解 $y_1(x)$ 在点 x_0 是不等于零的，因为我

---

① $y_1(x)$ 是齐次方程的特殊解，这是显然的，因为 $y_1(x)$ 就是这样取得的. 至于 $y_2(x)$ 亦为齐次方程的解，则是由于对于常量 C_1 及 C_2 的所有数值，公式（9）恒给出了齐次方程的特殊解，所以当 $C_1 = 0$，$C_2 = 1$ 时，也给出了特殊解，即 $y_2(x)$.

们会有不等式 $y_1(x_0) \neq 0$，而第二个特殊解

$$y_2(x) = y_1(x) \cdot \int_{x_0}^{x} \frac{\mathrm{e}^{-\int_{t_0}^{t} p(\alpha)\mathrm{d}\alpha}}{y_1^2(t)} \mathrm{d}t \tag{10}$$

则在点 x_0 处等于零，因为上下限相同的积分为零.

为了使得这个说明的意义清楚些，我们引入一个重要的定义.

定义 齐次方程的两个任意特殊解 Y_1 及 Y_2，假若不能有恒等式 $a_1Y_1 + a_2Y_2 \equiv 0$，其中 a_1 及 a_2 为非同时等于零的常数，则称为彼此线性独立的.

显然，两个线性独立解 Y_1 及 Y_2 中的任意一个都不能恒等于零. 因为假若 $Y_1 \equiv 0$，则我们将有恒等式 $a_1Y_1 + a_2Y_2 \equiv 0$，其中 $a_1 = 1, a_2 = 0$.

假若 Y_1 及 Y_2 是彼此有线性依赖关系的(非独立的)，则由恒等式 $a_1Y_1 + a_2Y_2 \equiv 0$，其中 $a_2 \neq 0$，我们就会导出恒等式 $Y_2 \equiv -\dfrac{a_1}{a_2}Y_1$. 故两个有线性依赖关系的解中，有一个可从另一个乘上常数而得到.

根据上述定义，所论这两个特殊解 $y_1(x)$ 及 $y_2(x)$ 是线性独立的，因为若其中之一在点 x_0 等于零，例如 $y_2(x_0) = 0$，而另一个则一定异于零，即 $y_1(x_0) \neq 0$. 因此，它们之中的任意一个都不能从另一个乘上常数而得到.

定理 1 齐次方程的一般解可写为 $C_1Y_1 + C_2Y_2$ 的形式，其中 Y_1 及 Y_2 是互为线性独立的两个任意解，而 C_1 及 C_2 为任意常量.

由于 Y_1 不恒等于零，因此我们设 $y_1(x) \equiv Y_1(x)$. 另外，我们有恒等式

$$Y_2(x) = C_1^* y_1(x) + C_2^* y_2(x)$$

其中 C_1^* 及 C_2^* 是完全确定的常量.

但常量 C_2^* 一定异于零，否则就会有 $Y_2(x) \equiv C_1^* y_1(x)$，即会有 $Y_2(x) \equiv C_1^* Y_1(x)$. 这是不可能的，因为 Y_1 及 Y_2 是线性独立的.

因此，必然有 $C_2^* \neq 0$，所以有

$$y_2(x) \equiv -\frac{C_1^*}{C_2^*}Y_1(x) + Y_2(x) \tag{11}$$

在一般积分的表达式 $C_1y_1(x) + C_2y_2(x)$ 中，以 $Y_1(x)$ 代 $y_1(x)$，以公式(11)代 $y_2(x)$，我们得到齐次方程的一般积分的表达式如下

$$C_1Y_1(x) + C_2Y_2(x)$$

其中 C_1 及 C_2 为两个任意常量. （证明完毕）

定理 2 假若 $y_1(x)$ 是任意一个不恒等于零的特殊解，则方程 $y_1(x) = 0$ 不可能具有重根，而只有单根.

事实上，若 $y_1(x)$ 及 $y(x)$ 为齐次方程的任意两个线性独立的解，则由公式(4)及(5)，我们有恒等式

$$y_1 \frac{\mathrm{d}y}{\mathrm{d}x} - y \frac{\mathrm{d}y_1}{\mathrm{d}x} \equiv C_2 \cdot e^{-\int_{x_0}^{x} p(t)\,\mathrm{d}t} \tag{12}$$

其中常量 C_2 必然不等于零.

事实上,若 $C_2 = 0$,则有 $y_1 \frac{\mathrm{d}y}{\mathrm{d}x} - y \frac{\mathrm{d}y_1}{\mathrm{d}x} = 0$,即 $\frac{\mathrm{d}y}{y} = \frac{\mathrm{d}y_1}{y_1}$. 由此,$y = Cy_1$,其中 C 为常量,这表示 y_1 及 y 是线性独立的.

因此,在公式(12)中,常量 $C_2 \neq 0$. 现在设某数 ξ 为方程 $y_1(x) = 0$ 的重根,于是函数 y_1 本身及其导数 $\frac{\mathrm{d}y_1}{\mathrm{d}y}$ 在点 $x = \xi$ 都等于零. 故在公式(12)中我们必然将有 $C_2 = 0$,这又是不可能的. （证明完毕）

定理 3 齐次方程的任意两个线性独立的解 $y_1(x)$ 及 $y(x)$ 不可能在同一点处都等于零.

事实上,假若 ξ 是两个方程 $y_1(x) = 0$ 及 $y(x) = 0$ 的公共根,则在点 ξ,我们将有 $y_1 = 0$ 及 $y = 0$,所以由公式(12)又会得出 $C_2 = 0$,这是不可能的.

（证明完毕）

定理 4 在方程 $y_1(x) = 0$ 的两个相邻根之间,方程 $y(x) = 0$ 有且只有一个根.换句话说,两个线性独立的特殊解 y_1 及 y 的零点是彼此间隔着的.

事实上,我们取方程 $y_1(x) = 0$ 的两个相邻根 α_1 及 β_1. 就几何意义来说,这表示,在 α_1 及 β_1 之间,函数 $y(x)$ 的图像用连续弧段 D_1 表示,它的两个端点各为点 α_1 及 β_1,且在该两点之间曲线并不与 OX 轴相交. 这说明,弧段 D_1 完全是在 OX 轴的一边的(图 1,在上边). 又当点

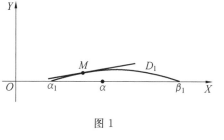

图 1

M 延着连续弧段 D_1 移动时,点 M 处的切线也连续移动,在端点 α_1 处与 OX 轴成锐角,而在端点 β_1 处与 OX 轴成钝角. 这表示,导数 $\frac{\mathrm{d}y_1}{\mathrm{d}x}$ 在线段 $[\alpha_1, \beta_1]$ 的两个端点处具有不同的正负号,而函数 $y_1(x)$ 在两个端点处等于零,即 $y_1(\alpha_1) = 0, y_1(\beta_1) = 0$.

现在来看恒等式(12).其右边部分不可能变号,故在整个线段 $[\alpha_1, \beta_1]$ 上它保持一定的正负号(亦即常量 C_2 的正负号). 特别在线段 $[\alpha_1, \beta_1]$ 的两个端点处,恒等式(12)的右边具有同一正负号,恒等式(12)左边的 $y_1 \frac{\mathrm{d}y}{\mathrm{d}x}$ 在该线段的两个端点处都等于零.这意味着 $-y \frac{\mathrm{d}y_1}{\mathrm{d}x}$ 应当保持同一正负号,但因其第二个因

子 $\dfrac{\mathrm{d}y_1}{\mathrm{d}x}$ 在 $[\alpha_1,\beta_1]$ 的两个端点处具有相反的正负号. 故由此而知, 第一个因子 $y(x)$ 在 $[\alpha_1,\beta_1]$ 的两个端点处必定有不同的正负号. 所以, 连续函数 $y(x)$ 一定在线段 $[\alpha_1,\beta_1]$ 内某点等于零. 这样, 在方程 $y_1(x)=0$ 的两个相邻根 α_1 与 β_1 之间, 一定有方程 $y(x)=0$ 的一个根. 又这种根只能有一个, 因为假若有几个的话, 则在方程 $y(x)=0$ 的两个根之间, 也应当有方程 $y_1(x)=0$ 的根, 但这又是不可能的, 因为在线段 $[\alpha_1,\beta_1]$ 内, 该方程不可能有根.

（证明完毕）

例 齐次方程 $\dfrac{\mathrm{d}^2 y}{\mathrm{d}x^2}+y=0$ 具有一般积分 $y=C_1\sin x+C_2\cos x$. 两个特殊解 $\sin x$ 及 $\cos x$ 是线性独立的, 因此, $\sin x=0$ 的点 [即 $x=k\pi$（k 为整数）] 及 $\cos x=0$ 的点 $\left(即\ x=k\pi+\dfrac{\pi}{2}\right)$ 是一对对彼此交替间隔着的.

定理 5 齐次方程恒可以化为标准形式

$$\frac{\mathrm{d}^2 y}{\mathrm{d}x^2}-Gy=0$$

其中 G 只是 x 的函数.

事实上, 取齐次方程 (1), 做置换 $y=uv$, 我们求得

$$u\frac{\mathrm{d}^2 v}{\mathrm{d}x^2}+\left(2\frac{\mathrm{d}u}{\mathrm{d}x}+pu\right)\frac{\mathrm{d}v}{\mathrm{d}x}+v\left(\frac{\mathrm{d}^2 u}{\mathrm{d}x^2}+p\frac{\mathrm{d}u}{\mathrm{d}x}+qu\right)=0 \tag{13}$$

现在取适当的函数 u, 使我们有

$$2\frac{\mathrm{d}u}{\mathrm{d}x}+pu=0$$

为此, 只要取

$$u=\mathrm{e}^{-\int\frac{p}{2}\mathrm{d}x}$$

我们看到, 对于函数 $v(x)$ 来说, 方程 (13) 化为了标准形式. （证明完毕）

定理 6 二阶线性齐次方程的积分法恒可以化为一个一阶非线性方程的积分法, 该方程称为黎卡提（Riccati）方程, 形式如下

$$z'+z^2+pz+q=0$$

事实上, 在齐次方程 (1) 中, 做置换 $y=\mathrm{e}^{\int z\mathrm{d}x}$, 其中 z 为未知函数, 这时

$$y'=\mathrm{e}^{\int z\mathrm{d}x}z,\ y''=\mathrm{e}^{\int z\mathrm{d}x}\cdot z^2+\mathrm{e}^{\int z\mathrm{d}x}z'$$

消去不等于零的因子 $\mathrm{e}^{\int z\mathrm{d}x}$ 后, 可得所求的黎卡提方程

$$z'+z^2+pz+q=0 \tag{14}$$

（证明完毕）

一般说来, 所谓黎卡提方程, 乃下面这种形式的微分方程

$$\frac{\mathrm{d}y}{\mathrm{d}x} = Py^2 + Qy + R \tag{15}$$

其中 P, Q 及 R 只依赖于 x. 这个方程,虽然是一阶的,但不是线性的,因为这里包含了 y^2 的项,做置换 $y = -\dfrac{z}{P}$ 之后,显然可将它化为形式(14).

黎卡提方程在理论方面(微分方程的解析理论)及实用方面(铁路运输力学)都有一系列的极重要的性质. 但在一般形式下,黎卡提方程是不能积出来的. C. A. 恰普雷金(С. А. Чэплыгин)院士曾在这个方程上发现并成功地应用了著名的微分方程近似积分法[①].

黎卡提方程的一般积分具有下面的形式

$$y = \frac{f_1 + Cf_2}{f_3 + Cf_4} \tag{16}$$

其中 C 为任意常量,而 f_1, f_2, f_3 及 f_4 为 x 的函数,但可惜这些函数不能用积分式写出来.

上面所证关于二阶线性齐次微分方程的定理 1,可以毫无限制地扩充到 n 阶方程上去.

这样,微分方程

$$y^{(n)} + p_1 y^{(n-1)} + p_2 y^{(n-2)} + \cdots + p_{n-1} y' + p_n y = 0 \tag{17}$$

其中, $p_1, p_2, \cdots, p_n$ 只是 x 的连续函数,具有一般解的形式如下

$$y = C_1 Y_1(x) + C_2 Y_2(x) + \cdots + C_n Y_n(x) \tag{18}$$

其中, $Y_1, Y_2, \cdots, Y_n$ 是方程(17)的特殊解,它们之间只联系着一个条件,即其中任何一个解都不是其他各个解的线性组合,这就是说,当系数 c_i 中至少有一个异于零时,这些特殊解之间就不会有下面的恒等关系

$$c_1 Y_1 + c_2 Y_2 + \cdots + c_n Y_n \equiv 0$$

这种特殊解 $Y_1, Y_2, \cdots, Y_n$ 称为独立的解.

§8 非齐次(带右边部分的)方程

二阶非齐次微分方程

$$\frac{\mathrm{d}^2 y}{\mathrm{d}x^2} + p\frac{\mathrm{d}y}{\mathrm{d}x} + qy = X \tag{Ⅰ}$$

---

① 参阅 С. А. Чаплыгин,《列车运动一般微分方程的新积分法》,1919;《近似积分法》,1932. 又参阅 Б. Н. Петров,《恰普雷金院士理论可应用的范围》,1946.

其中 p,q 及 X 只是 x 的连续函数，其一般积分的求法如下：

首先求出非齐次方程（Ⅰ）的任意一个特殊解 $y^*(x)$

$$\frac{\mathrm{d}^2 y^*}{\mathrm{d}x^2} + p\,\frac{\mathrm{d}y^*}{\mathrm{d}x} + qy^* = X \tag{1}$$

然后由方程（Ⅰ）减去等式（1），得

$$\frac{\mathrm{d}^2(y-y^*)}{\mathrm{d}x^2} + p\,\frac{\mathrm{d}(y-y^*)}{\mathrm{d}x} + q(y-y^*) = 0 \tag{2}$$

这是一个二阶齐次方程. 因为若用 Y 表示 $y-y^*$，则有

$$\frac{\mathrm{d}^2 Y}{\mathrm{d}x^2} + p\,\frac{\mathrm{d}Y}{\mathrm{d}x} + qY = 0 \tag{1^*}$$

我们已经看到，这个方程的一般积分具有下面的形式

$$Y = C_1 Y_1 + C_2 Y_2 \tag{3}$$

其中 Y_1, Y_2 是上一节中齐次方程（Ⅰ）的两个线性独立的解.

因为 $Y = y - y^*$，所以我们有

$$y - y^* = C_1 Y_1 + C_2 Y_2$$

故最后得

$$y = C_1 Y_1 + C_2 Y_2 + y^* \tag{4}$$

由此而得：

定理　非齐次方程 $y'' + py' + qy = X$ 的一般解，具有形式 $y = C_1 Y_1 + C_2 Y_2 + y^*$，其中 C_1 及 C_2 为任意常量，y^* 为非齐次方程的任一特殊解，而 Y_1 及 Y_2 则是缺右边部分的方程的两个线性独立的特殊解.

这个定理可推广到任意阶的线性非齐次方程上去.

非齐次方程

$$y^{(n)} + p_1 y^{(n-1)} + p_2 y^{(n-2)} + \cdots + p_{n-1} y' + py = X$$

其中 p_i 及 X 只是 x 的连续函数，具有一般解 $y = C_1 Y_1 + C_2 Y_2 + \cdots + C_n Y_n + y^*$，$y^*$ 为该方程的任意一个特殊解，而 $C_1 Y_1 + C_2 Y_2 + \cdots + C_n Y_n$ 为其对应齐次方程（即缺右边部分的方程）的一般解.

§9　拉格朗日的变化常量法(1)

这个方法的提出是为了当我们已知齐次方程的一般解时，用它来求带右边部分的非齐次方程的特殊解.

设我们有一个带右边部分的非齐次方程

$$\frac{\mathrm{d}^2 y}{\mathrm{d}x^2} + p\,\frac{\mathrm{d}y}{\mathrm{d}x} + qy = X \tag{Ⅰ}$$

又设

$$y = C_1 Y_1 + C_2 Y_2 \qquad (1)$$

为其对应的齐次方程

$$\frac{\mathrm{d}^2 y}{\mathrm{d}x^2} + p\,\frac{\mathrm{d}y}{\mathrm{d}x} + qy = 0 \qquad (\text{II})$$

的一般解.

求方程（Ⅰ）的特殊解 y^* 的方法如下：

我们把 C_1 及 C_2 不当作常量，而把它们作为 x 的函数，要确定它们，使得所求的特殊解 y^* 可以用下面的公式给出

$$y^* = C_1 Y_1 + C_2 Y_2 \qquad (1^*)$$

将这个等式微分两次，得

$$\frac{\mathrm{d}y^*}{\mathrm{d}x} = (C'_1 Y_1 + C'_2 Y_2) + (C_1 Y'_1 + C_2 Y'_2) \qquad (2)$$

$$\frac{\mathrm{d}^2 y^*}{\mathrm{d}x^2} = (C''_1 Y_1 + C''_2 Y_2) + 2(C'_1 Y'_1 + C'_2 Y'_2) + (C_1 Y''_2 + C_2 Y''_2) \qquad (3)$$

到现在为止，我们并不曾给函数 C_1 及 C_2 以任何限制. 现在设它们的导数 C'_1 及 C'_2 适合方程组

$$\begin{cases} C'_1 Y_1 + C'_2 Y_2 = 0 \\ C'_1 Y'_1 + C'_2 Y'_2 = X \end{cases} \qquad (4)$$

微分其中的第一个方程，得

$$(C''_1 Y_1 + C''_2 Y_2) + (C'_1 Y'_1 + C'_2 Y'_2) = 0 \qquad (5)$$

鉴于等式(4)及(5)，不难看到，方程 $(1^*)(2)$ 及(3)可改写为

$$\begin{cases} y^* = C_1 Y_1 + C_2 Y_2 \\ \dfrac{\mathrm{d}y^*}{\mathrm{d}x} = C_1 Y'_1 + C_2 Y'_2 \\ \dfrac{\mathrm{d}^2 y^*}{\mathrm{d}x^2} = C_1 Y''_1 + C_2 Y''_2 + X \end{cases} \qquad (6)$$

用 q 乘方程组中的第一个方程，又用 p 乘其中的第二个方程，用1乘其中的第三个方程，并把它们都加起来，得

$$\frac{\mathrm{d}^2 y^*}{\mathrm{d}x^2} + p\,\frac{\mathrm{d}y^*}{\mathrm{d}x} + qy^* = X \qquad (7)$$

这是因为，Y_1 及 Y_2 为缺右边部分的齐次方程的解，我们应有 $Y''_1 + pY'_1 + qY_1 = 0$ 及 $Y''_2 + pY'_2 + qY_2 = 0$.

方程(7)告诉我们，由等式 (1^*) 所确定的函数 y^*，事实上就是带右边部分的方程（Ⅰ）的特殊解，只要函数 C_1 及 C_2 的导数 C'_1 及 C'_2 适合代数方程组 (4) 就行了.

解这组代数方程,求得

$$C_1' = -\frac{X}{Y_1\left(\ln\frac{Y_2}{Y_1}\right)'} \ \text{及}\ C_2' = \frac{X}{Y_2\left(\ln\frac{Y_2}{Y_1}\right)'} \tag{8}$$

再积分即得 C_1 及 C_2.

§10　常系数二阶线性方程

齐次方程

我们取
$$\frac{\mathrm{d}^2 y}{\mathrm{d}x^2} + p\frac{\mathrm{d}y}{\mathrm{d}x} + qy = 0 \tag{Ⅰ}$$

其中 p 及 q 都是常量.

为求方程(Ⅰ)的特殊解,我们试求常数 r,使下面的函数适合方程(Ⅰ)

$$y = \mathrm{e}^{rx} \tag{1}$$

微分式(1)得

$$\frac{\mathrm{d}y}{\mathrm{d}x} = r\mathrm{e}^{rx},\ \frac{\mathrm{d}^2 y}{\mathrm{d}x^2} = r^2\mathrm{e}^{rx} \tag{2}$$

将式(1)及式(2)代入方程(Ⅰ),消去不等于零的因子 e^{rx},我们得到

$$r^2 + pr + q = 0 \tag{3}$$

这是一个二次代数方程,其根即所需常量 r 的数值.

方程(3)称为方程(Ⅰ)的辅助方程或特征方程.

① 假若特征方程的两个根 r_1 及 r_2 是不同的,则

$$Y_1 = \mathrm{e}^{r_1 x},\ Y_2 = \mathrm{e}^{r_2 x} \tag{4}$$

是方程(Ⅰ)的两个线性独立的解.

由此可知,在这种情形下,方程(Ⅰ)的一般形式是

$$y = C_1\mathrm{e}^{r_1 x} + C_2\mathrm{e}^{r_2 x},\ r_1 \neq r_2 \tag{5}$$

例 1　解微分方程

$$\frac{\mathrm{d}^2 y}{\mathrm{d}x^2} - 2\frac{\mathrm{d}y}{\mathrm{d}x} - 3y = 0$$

解　特征方程是 $r^2 - 2r - 3 = 0$,其根为 3 及 -1,因此,原方程的一般解为
$$d = C_1\mathrm{e}^{3x} + C_2\mathrm{e}^{-x}$$

当特征方程(3)的根 r_1 及 r_2 是实数且不相等时,方程(Ⅰ)的一般解(5)就是最终结果.

当特征方程(3)的根 r_1 及 r_2 是复数时,则方程(Ⅰ)的一般解(5)应稍做变换,使它可应用到技术及自然科学的问题上.

因为方程（Ⅰ）的系数 p 及 q 都是实数，所以二次方程(3)的复数根 r_1 及 r_2 是共轭的，也就是，这两个根具有下面的形式

$$r_1 = a + ib, \quad r_2 = a - ib \tag{6}$$

因此，当 x 是实变量时，由欧拉公式，可有

$$\begin{cases} \mathrm{e}^{r_1 x} = \mathrm{e}^{(a+ib)x} = \mathrm{e}^{ax} \cdot \mathrm{e}^{ibx} = \mathrm{e}^{ax}(\cos bx + i\sin bx) \\ \mathrm{e}^{r_2 x} = \mathrm{e}^{(a-ib)x} = \mathrm{e}^{ax} \cdot \mathrm{e}^{-ibx} = \mathrm{e}^{ax}(\cos bx - i\sin bx) \end{cases} \tag{7}$$

由此，一般解(5)取得形式

$$y = \mathrm{e}^{ax}\left[(C_1 + C_2)\cos bx + i(C_1 - C_2)\sin bx\right] \tag{8}$$

再引入记号 $c_1 = C_1 + C_2$ 及 $c_2 = i(C_1 - C_2)$，我们可将方程（Ⅰ）的一般解写为下面的形式

$$y = \mathrm{e}^{ax}(c_1 \cos bx + c_2 \sin bx) \tag{9}$$

其中 c_1 及 c_2 为任意常量. 从这个一般解的公式，可知下面两个解

$$Y_1 = \mathrm{e}^{ax}\cos bx, \quad Y_2 = \mathrm{e}^{ax}\sin bx \tag{10}$$

是方程（Ⅰ）的两个线性独立的实解，而方程（Ⅰ）的一般实解是

$$y = C_1 \mathrm{e}^{ax}\cos bx + C_2 \mathrm{e}^{ax}\sin bx \tag{11}$$

其中 C_1 及 C_2 是实的任意常数.

例 2 解微分方程

$$\frac{\mathrm{d}^2 y}{\mathrm{d}x^2} + k^2 y = 0$$

解 特征方程是 $r^2 + k^2 = 0$，其根为 $r_1 = ik, r_2 = -ik$，因此，与式(6)比较，可知 $a = 0, b = k$. 故由式(11)，可知一般解是

$$y = C_1 \cos kx + C_2 \sin kx$$

② 假若特征方程(3)的两个根 r_1 及 r_2 是相等的，则它们必然是实数，且两者都等于 $-\dfrac{p}{2}$. 在这种情形下

$$Y_1 = \mathrm{e}^{rx}, \quad Y_2 = x\mathrm{e}^{rx}, \quad r = -\frac{p}{2} \tag{12}$$

是方程（Ⅰ）的两个线性独立的解.

随之，在这种情形下，方程（Ⅰ）的一般解是

$$y = C_1 \mathrm{e}^{rx} + C_2 x\mathrm{e}^{rx}, \quad q = -\frac{p}{2} \tag{13}$$

为证明这些，我们将二次方程(3)的根的表达式写出来

$$-\frac{p}{2} \pm \sqrt{\frac{p^2}{4} - q}$$

随之，当且仅当 $\dfrac{p^2}{4} = q$ 时，两个根才相等. 在这种情形下，我们有：$r_1 = r_2 =$

$r = -\dfrac{p}{2}$. 这样,方程（Ⅰ）的第一个特殊解是

$$Y_1 = \mathrm{e}^{rx}, r = -\frac{p}{2} \tag{14}$$

我们可以这样来求第二个解 Y_2：当方程（3）的两个根 r_1 及 r_2 不相等时,方程（Ⅰ）有两个特殊解：$\mathrm{e}^{r_1 x}$ 及 $\mathrm{e}^{r_2 x}$. 比值 $\dfrac{\mathrm{e}^{r_2 x} - \mathrm{e}^{r_1 x}}{r_2 - r_1}$ 也是方程（Ⅰ）的特殊解. 但由拉格朗日（Lagrange）定理,比值 $\dfrac{f(b) - f(a)}{b - a}$ 是正好等于导数 $f'(c)$ 的,这时 c 在 a, b 之间：$a < c < b$. 设 $f(r) = \mathrm{e}^{rx}, a = r_1, b = r_2$, 我们有 $\dfrac{\mathrm{e}^{r_2 x} - \mathrm{e}^{r_1 x}}{r_2 - r_1} = \left[\dfrac{\mathrm{d}\mathrm{e}^{rx}}{\mathrm{d}r}\right]_{r = r^*}$,这里 r^* 是介于 r_1 与 r_2 之间的,因为 $\dfrac{\mathrm{d}\mathrm{e}^{rx}}{\mathrm{d}r} = x\mathrm{e}^{rx}$,所以我们有等式

$$\frac{\mathrm{e}^{r_2 x} - \mathrm{e}^{r_1 x}}{r_2 - r_1} = x\mathrm{e}^{r^* x} \tag{15}$$

这时右边的表达式是辅助方程（Ⅰ）（其特征方程的根为 r_1 及 r_2）的特殊解. 令这两个根趋近于同一极限 r,也就是,同时令 $r_1 \to r$ 及 $r_2 \to r$,则在取极限时,我们得到两个根相等 $\left(r_1 = r_2 = r = -\dfrac{p}{2}\right)$ 的特征方程（3）. 又因为 r^* 介于 r_1 及 r_2 之间,所以在取极限时,必有 $r_1^* \to r$. 因此,取极限时辅助方程（Ⅰ）的特殊解 (15) 变成

$$x\mathrm{e}^{rx}, \mathrm{e} = -\frac{p}{2} \tag{16}$$

自然我们会想到,这就是极限方程（Ⅰ）的特殊解了.

演绎的看法. 特殊解 (12) 中的 Y_2 可证实如下：

设 $Y_2 = x\mathrm{e}^{rx}$. 微分后得：$Y_2' = \mathrm{e}^{rx} + rx\mathrm{e}^{rx}, Y_2'' = 2r\mathrm{e}^{rx} + r^2 x\mathrm{e}^{rx}$. 由此 $Y_2'' + pY_2' + qY_2 = x\mathrm{e}^{rx}(r^2 + pr + q) + \mathrm{e}^{rx}(p + 2r)$. 但第一个括号内的式子是零,因 r 为特征方程（3）的根；第二个括号内的式子也是零,因 $r = -\dfrac{p}{2}$. 因此 Y_2 是方程（Ⅰ）的特殊解. 显然这时 Y_1 与 Y_2 是线性独立的.

例 3 解 $\dfrac{\mathrm{d}^2 s}{\mathrm{d}t^2} + 2\dfrac{\mathrm{d}s}{\mathrm{d}t} + s = 0$,并求特殊解,使 $t = 0$ 时,$s = 4$ 及 $\dfrac{\mathrm{d}s}{\mathrm{d}t} = -2$.

解 特征方程为 $r^2 + 2r + 1 = 0$,即 $(r + 1)^2 = 0$. 由此可知两个根都等于 -1. 因此,一般解为

$$s = C_1 \mathrm{e}^{-t} + C_2 t\mathrm{e}^{-t} = \mathrm{e}^{-t}(C_1 + C_2 t)$$

为求满足所设两个条件的特殊解,首先求 $\dfrac{\mathrm{d}s}{\mathrm{d}t}$. 我们有：$\dfrac{\mathrm{d}s}{\mathrm{d}t} = (C_2 - C_1)\mathrm{e}^{-t} -$

$C_2 t \mathrm{e}^{-t}$. 在 s 及 $\dfrac{\mathrm{d}s}{\mathrm{d}t}$ 的公式中,设 $t=0$,得 $s(0)=C_1$ 及 $\left[\dfrac{\mathrm{d}s}{\mathrm{d}t}\right]_{t=0}=C_2-C_1$. 所以 $C_1=4$

及 $C_2-C_1=-2$,由此得 $C_2=2$. 因此,所求的特殊解为 $s=\mathrm{e}^{-t}(4+2t)$.

习　题

一、求下列方程的一般解.

1. $\dfrac{\mathrm{d}^2 s}{\mathrm{d}t^2}-4\dfrac{\mathrm{d}s}{\mathrm{d}t}+3s=0$. 　　　　答:$s=C_1\mathrm{e}^t+C_1\mathrm{e}^{3t}$.

2. $\dfrac{\mathrm{d}^2 y}{\mathrm{d}x^2}-\dfrac{\mathrm{d}y}{\mathrm{d}x}-6y=0$. 　　　　答:$y=C_1\mathrm{e}^{-2x}+C_2\mathrm{e}^{3x}$.

3. $\dfrac{\mathrm{d}^2 s}{\mathrm{d}t^2}-4\dfrac{\mathrm{d}x}{\mathrm{d}t}+4x=0$. 　　　　答:$x=C_1\mathrm{e}^{2t}+C_2 t\mathrm{e}^{2t}$.

4. $\dfrac{\mathrm{d}^2 x}{\mathrm{d}t^2}+4x=0$. 　　　　答:$x=C_1\cos 2t+C_2\sin 2t$.

5. $\dfrac{\mathrm{d}^2 s}{\mathrm{d}t^2}-9s=0$. 　　　　答:$s=C_1\mathrm{e}^{3t}+C_2\mathrm{e}^{-3t}$.

6. $\dfrac{\mathrm{d}^2 y}{\mathrm{d}x^2}+3\dfrac{\mathrm{d}y}{\mathrm{d}x}=0$. 　　　　答:$y=C_1+C_2\mathrm{e}^{-3x}$.

7. $\dfrac{\mathrm{d}^2 x}{\mathrm{d}t^2}-4\dfrac{\mathrm{d}x}{\mathrm{d}t}+13x=0$. 　　　　答:$x=\mathrm{e}^{2t}(C_1\cos 3t+C_2\sin 3t)$.

8. $\dfrac{\mathrm{d}^2 x}{\mathrm{d}t^2}+4\dfrac{\mathrm{d}x}{\mathrm{d}t}+8x=0$. 　　　　答:$x=\mathrm{e}^{-2t}(C_1\cos 2t+C_2\sin 2t)$.

9. $\dfrac{\mathrm{d}^2 y}{\mathrm{d}x^2}-5\dfrac{\mathrm{d}y}{\mathrm{d}x}+4y=0$. 　　　　10. $\dfrac{\mathrm{d}^2 x}{\mathrm{d}t^2}+\dfrac{\mathrm{d}x}{\mathrm{d}t}-x=0$.

11. $\dfrac{\mathrm{d}^2 \rho}{\mathrm{d}\theta^2}-2\dfrac{\mathrm{d}\rho}{\mathrm{d}\theta}+\rho=0$. 　　　　12. $\dfrac{\mathrm{d}^2 s}{\mathrm{d}t^2}-16s=0$.

13. $\dfrac{\mathrm{d}^2 s}{\mathrm{d}t^2}+16s=0$. 　　　　14. $\dfrac{\mathrm{d}^2 s}{\mathrm{d}t^2}-16\dfrac{\mathrm{d}s}{\mathrm{d}t}=0$.

15. $\dfrac{\mathrm{d}^2 x}{\mathrm{d}t^2}-8\dfrac{\mathrm{d}x}{\mathrm{d}t}+25x=0$. 　　　　16. $\dfrac{\mathrm{d}^2 s}{\mathrm{d}t^2}+6\dfrac{\mathrm{d}s}{\mathrm{d}t}+10s=0$.

二、求下列各题满足所设条件的特殊解.

1. $\dfrac{\mathrm{d}^2 x}{\mathrm{d}t^2}-5\dfrac{\mathrm{d}x}{\mathrm{d}t}+6x=0$;$x=\dfrac{1}{2}$,$\dfrac{\mathrm{d}x}{\mathrm{d}t}=1(t=0)$.　答:$x=\dfrac{1}{2}\mathrm{e}^{2t}$.

2. $\dfrac{\mathrm{d}^2 y}{\mathrm{d}x^2}+\dfrac{\mathrm{d}y}{\mathrm{d}x}-2y=0$;$y=3$,$\dfrac{\mathrm{d}y}{\mathrm{d}x}=0(x=0)$.　　答:$y=2\mathrm{e}^x+\mathrm{e}^{-2x}$.

3. $\dfrac{\mathrm{d}^2 s}{\mathrm{d}t^2}-4s=0$;$s=6$,$\dfrac{\mathrm{d}s}{\mathrm{d}t}=0(t=0)$.　　　　答:$s=3\mathrm{e}^{2t}+3\mathrm{e}^{-2t}$.

4. $\dfrac{\mathrm{d}^2 s}{\mathrm{d}t^2} + 4s = 0; s = 0, \dfrac{\mathrm{d}s}{\mathrm{d}t} = 10(t=0).$ 答:$s = 5\sin 2t.$

5. $\dfrac{\mathrm{d}^2 y}{\mathrm{d}x^2} + y = 0; y = 4(x=0), y = 0\left(x = \dfrac{\pi}{2}\right).$ 答:$y = 4\cos x.$

6. $\dfrac{\mathrm{d}^2 y}{\mathrm{d}x^2} - 6\dfrac{\mathrm{d}y}{\mathrm{d}x} + 9y = 0; y = 0, \dfrac{\mathrm{d}y}{\mathrm{d}x} = 2(x=0).$ 答:$y = 2x\mathrm{e}^{3x}.$

7. $\dfrac{\mathrm{d}^2 x}{\mathrm{d}t^2} + 2\dfrac{\mathrm{d}x}{\mathrm{d}t} + 2x = 0; x = 3, \dfrac{\mathrm{d}x}{\mathrm{d}t} = -3(t=0).$ 答:$x = 3\mathrm{e}^{-t}\cos t.$

8. $\dfrac{\mathrm{d}^2 s}{\mathrm{d}t^2} + 2\dfrac{\mathrm{d}s}{\mathrm{d}t} + 5s = 0; s = 1, \dfrac{\mathrm{d}s}{\mathrm{d}t} = 1(t=0).$ 答:$s = \mathrm{e}^{-t}(\cos 2t + \sin 2t).$

9. $\dfrac{\mathrm{d}^2 s}{\mathrm{d}t^2} + 3\dfrac{\mathrm{d}s}{\mathrm{d}t} + 2s = 0; s = -1, \dfrac{\mathrm{d}s}{\mathrm{d}t} = 3(t=0).$

10. $\dfrac{\mathrm{d}^2 y}{\mathrm{d}x^2} + 4\dfrac{\mathrm{d}y}{\mathrm{d}x} + 4y = 0; y = 1, \dfrac{\mathrm{d}y}{\mathrm{d}x} = -1(x=0).$

11. $\dfrac{\mathrm{d}^2 s}{\mathrm{d}t^2} + n^2 s = 0; s = 0, \dfrac{\mathrm{d}s}{\mathrm{d}t} = v_0(t=0).$

12. $\dfrac{\mathrm{d}^2 s}{\mathrm{d}t^2} + n\dfrac{\mathrm{d}s}{\mathrm{d}t} = 0; s = 0, \dfrac{\mathrm{d}s}{\mathrm{d}t} = n(t=0).$

13. $\dfrac{\mathrm{d}^2 x}{\mathrm{d}t^2} + 2\dfrac{\mathrm{d}x}{\mathrm{d}t} + 2x = 0; x = 0, \dfrac{\mathrm{d}x}{\mathrm{d}t} = 10(t=0).$

14. $\dfrac{\mathrm{d}^2 y}{\mathrm{d}x^2} - 2\dfrac{\mathrm{d}y}{\mathrm{d}x} + 2y = 0; y = 1, \dfrac{\mathrm{d}y}{\mathrm{d}x} = 3(x=0).$

非齐次方程

我们取方程

$$\frac{\mathrm{d}^2 y}{\mathrm{d}x^2} + p\frac{\mathrm{d}y}{\mathrm{d}x} + qy = X \tag{Ⅱ}$$

其中 p 及 q 都是常量,X 只是 x 的连续函数.

由 §8 我们知道,为求非齐次方程(Ⅱ)的一般解,必须按下面三个步骤来做.

第一步,解齐次方程(Ⅰ),设其一般解为

$$y = C_1 Y_1 + C_2 Y_2 \tag{17}$$

齐次方程(Ⅰ)的这个一般解,称为非齐次方程(Ⅱ)的辅助函数.

第二步,求方程(Ⅱ)的一个特殊解 y^*.

第三步,非齐次方程(Ⅱ)的一般解是

$$y = C_1 Y_1 + C_2 Y_2 + y^* \tag{18}$$

最难的是第二步,为使这一步容易做,可利用下面的法则,其中的字母,除 x 外,都是常量.

特殊解的求法

先讲一般情形.

函数 X 的形式   解 y^* 的形式

$X = a + bx$ 需设 $y^* = A + Bx$

$X = a\mathrm{e}^{bx}$ 需设 $y^* = A\mathrm{e}^{bx}$

$X = a_1\cos\, bx + a_2\sin\, bx$ 需设 $y^* = A_1\cos\, bx + A_2\sin\, bx$

下面所讲的是特殊情形.

Ⅰ. 在下列条件下,所设解 y^* 的形式需乘以 x.

（ⅰ）当 $x=0$ 是特征方程(3)的单根且 $x=a+bx$ 时;

（ⅱ）当 $x=b$ 是特征方程的单根且 $x=a\mathrm{e}^{bx}$ 时;

（ⅲ）当 $x=\pm ib$ 是特征方程的根且 $X=a_1\cos\, bx + a_2\sin\, bx$ 时.

Ⅱ. 在下列条件下,所设解 y^* 的形式需乘以 x^2.

（ⅰ）当 $x=0$ 是特征方程的二重根且 $X=a+bx$ 时;

（ⅱ）当 $x=b$ 是特征方程的二重根且 $X=a\mathrm{e}^{bx}$ 时.

求出解 y^* 的方法,就是将 y^* 的上列形式代入非齐次方程(Ⅱ)之中,然后确定常数 A,B,A_1,A_2,使方程(Ⅱ)满足.

例 4 解微分方程

$$\frac{\mathrm{d}^2 y}{\mathrm{d}x^2} - 2\frac{\mathrm{d}y}{\mathrm{d}x} - 3y = 2x$$

解 第一步,解齐次方程 $\dfrac{\mathrm{d}^2 y}{\mathrm{d}x^2} - 2\dfrac{\mathrm{d}y}{\mathrm{d}x} - 3y = 0$,由例 1,得到辅助函数

$$y' = C_1\mathrm{e}^{3x} + C_2\mathrm{e}^{-x}$$

第二步,因为 $x=0$ 不是特征方程的根,所以 $y^* = A + Bx$,代入所给非齐次方程中,得 $-2B - 3A - 3Bx = 2x$. 令左右两边的系数相等,得 $-2B - 3A = 0$ 及 $-3B = 2$. 由此得

$$A = \frac{4}{9}, B = -\frac{2}{3}$$

故

$$y^* = \frac{4}{9} - \frac{2}{3}x$$

第三步, $y = C_1\mathrm{e}^{3x} + C_2\mathrm{e}^{-x} + \dfrac{4}{9} - \dfrac{2}{3}x$.

例 5 解微分方程 $\dfrac{\mathrm{d}^2 y}{\mathrm{d}x^2} - 2\dfrac{\mathrm{d}y}{\mathrm{d}x} - 3y = 2\mathrm{e}^{-x}$.

解 第一步,辅助函数如前

$$y' = C_1\mathrm{e}^{3x} + C_2\mathrm{e}^{-x}$$

第二步,这里 -1 是特征方程的单根.故设 $y^* = Ax\,\mathrm{e}^{-x}$,微分,得 $\dfrac{\mathrm{d}y^*}{\mathrm{d}x} =$

$A\mathrm{e}^{-x}(1-x)$.又 $\dfrac{\mathrm{d}^2 y^*}{\mathrm{d}x^2} = A\mathrm{e}^{-x}(x-2)$,代入所给非齐次方程中,得

$$A\mathrm{e}^{-x}(x-2) - 2A(1-x)\mathrm{e}^{-x} - 3Ax\,\mathrm{e}^{-x} = 2\mathrm{e}^{-x}$$

化简,得

$$-5A\mathrm{e}^{-x} = 2\mathrm{e}^{-x}$$

故 $A = -\dfrac{1}{2}$,因此

$$y^* = -\dfrac{1}{2}x\,\mathrm{e}^{-x}$$

第三步,$y = C_1\mathrm{e}^{3x} + C_2\mathrm{e}^{-x} - \dfrac{1}{2}x\,\mathrm{e}^{-x}$.

例 6 求方程 $\dfrac{\mathrm{d}^2 s}{\mathrm{d}t^2} + 4s = 2\cos 2t$ 的特殊解,使 $t=0$ 时,$s=0$ 及 $\dfrac{\mathrm{d}s}{\mathrm{d}t} = 2$.

解 第一步,解齐次方程

$$\dfrac{\mathrm{d}^2 s}{\mathrm{d}t^2} + 4x = 0$$

其一般解为 $C_1\cos 2t + C_2\sin 2t$.

第二步,这里 $\pm 2\mathrm{i}$ 是特征方程的根,故设 $s^* = t(A_1\cos 2t + A_2\sin 2t)$,微分,得

$$\dfrac{\mathrm{d}s^*}{\mathrm{d}t} = A_1\cos 2t + A_2\sin 2t - 2t(A_1\sin 2t - A_2\cos 2t)$$

$$\dfrac{\mathrm{d}^2 s^*}{\mathrm{d}t^2} = -4A_1\sin 2t + 4A_2\cos 2t - 4t(A_1\cos 2t + A_2\sin 2t)$$

代入所给的非齐次方程中并化简,得

$$-4A_1\sin 2t + 4A_2\cos 2t = 2\cos 2t$$

由此,得 $A_1 = 0$ 及 $A_2 = \dfrac{1}{2}$,故

$$s^* = \dfrac{1}{2}t\sin 2t$$

第三步,所设非齐次方程的一般解为 $s = C_1\cos 2t + C_2\sin 2t + \dfrac{1}{2}t\sin 2t$.应

确定常数 C_1,C_2,使 $t=0$ 时,$s=0$ 及 $\dfrac{\mathrm{d}s}{\mathrm{d}t} = 2$.第一个条件给出了 $C_1 = 0$,故

$$s = C_2\sin 2t + \dfrac{1}{2}t\sin 2t$$

微分,得 $\dfrac{\mathrm{d}s}{\mathrm{d}t} = 2C_2\cos 2t + \dfrac{1}{2}\sin 2t + \dfrac{1}{2}t \cdot 2 \cdot \cos 2t$.设 $t=0$,乃有 $\left[\dfrac{\mathrm{d}s}{\mathrm{d}t}\right]_{t=0} = 2C_2$,

故 $C_2 = 1$. 所求的特殊解为

$$s = \sin 2t + \frac{1}{2} t \sin 2t$$

例 7　解微分方程

$$\frac{d^2 y}{dx^2} = 2x$$

解　第一步,解齐次方程

$$\frac{d^2 y}{dx^2} = 0$$

辅助函数是 $y' = C_1 + C_2 x$.

第二步,这里 $x = 0$ 是特征方程的二重根. 故设 $y^* = Ax^3 + Bx^2$,代入所设非齐次方程中,得 $6Ax + 2B = 2x$,故 $A = \frac{1}{3}$,$B = 0$.

第三步,$y = C_1 + C_2 x + \frac{1}{3} x^3$.

§11　一般情形下,特殊解 y^* 的求法

设所给的方程为

$$\frac{d^2 y}{dx^2} + p \frac{dy}{dx} + qy = X \tag{Ⅰ}$$

其中 p 及 q 都是常数,而 X 只是 x 的连续函数.

应用拉格朗日方法(§8)来求方程(Ⅰ)的特殊解 y^*,我们看到,这个特殊解是由公式

$$y^* = C_1 Y_1 + C_2 Y_2 \tag{1}$$

给出的,其中 Y_1 与 Y_2 是齐次方程

$$\frac{d^2 y}{dx^2} + p \frac{dy}{dx} + qy = 0 \tag{Ⅱ}$$

的线性独立的特殊解,这里 C_1 与 C_2 是 x 的函数,其导数 C_1' 与 C_2' 由拉格朗日公式

$$C_1' = -\frac{X}{Y_1 \left(\ln \frac{Y_2}{Y_1} \right)'} \quad \text{与} \quad C_2' = \frac{X}{Y_1 \left(\ln \frac{Y_2}{Y_1} \right)'} \tag{2}$$

给出.

这些公式对于各种情形,即使当 p 与 q 依赖于 x 时,都能适用. 当 p 与 q 为常数时,拉格朗日公式获得极简单的形式.

第一种情形　特征方程 $r^2 + pr + q = 0$ 具有两个不同的实根 r_1 及 r_2.

这里

$$Y_1 = \mathrm{e}^{r_1 x}, Y_2 = \mathrm{e}^{r_2 x}$$

故

$$\frac{Y_2}{Y_1} = \mathrm{e}^{(r_2 - r_1)x}, \ln \frac{Y_2}{Y_1} = (r_2 - r_1)x$$

因此

$$\left(\ln \frac{Y_2}{Y_1} \right)' = r_2 - r_1$$

代入公式(2)，我们有

$$C'_1 = -\frac{X}{\mathrm{e}^{r_1 x}(r_2 - r_1)}, C'_2 = \frac{X}{\mathrm{e}^{r_2 x}(r_2 - r_1)}$$

由此

$$C_1 = -\frac{1}{r_2 - r_1} \int_{x_0}^{x} X \mathrm{e}^{-r_1 t} \mathrm{d}t, C_2 = \frac{1}{r_2 - r_1} \int_{x_0}^{x} X \mathrm{e}^{-r_2 t} \mathrm{d}t \tag{3}$$

将所求得的 C_1 及 C_2 代入公式(1)，得

$$y^* = -\frac{\mathrm{e}^{r_1 x}}{r_2 - r_1} \int_{x_0}^{x} X \mathrm{e}^{-r_1 t} \mathrm{d}t + \frac{\mathrm{e}^{r_2 x}}{r_2 - r_1} \int_{x_0}^{x} X \mathrm{e}^{-r_2 t} \mathrm{d}t$$

化简后，得

$$y^* = \frac{1}{r_2 - r_1} \int_{x_0}^{x} X \left[\mathrm{e}^{r_2(x-t)} - \mathrm{e}^{r_1(x-t)} \right] \mathrm{d}t \tag{Ⅲ}$$

这个公式具有一般性，因其中函数 X 可以具有任何形式.

第二种情形　特征方程 $r^2 + pr + q = 0$ 具有复数根 r_1 及 r_2.

在这种情形下，这些根是共轭的，我们乃有 $r_1 = a - ib, r_2 = a + ib$. 上面所得到的公式(Ⅲ)，可完全适用于这种情形，只需让它摆脱虚数形式，写成实数形式即可.

首先，有 $r_2 - r_1 = 2bi$.

然后，$\mathrm{e}^{r_2(x-t)} = \mathrm{e}^{(a+ib)(x-t)} = \mathrm{e}^{a(x-t)} \cdot \mathrm{e}^{ib(x-t)}$，故由欧拉公式，有

$$\mathrm{e}^{r_2(x-t)} = \mathrm{e}^{a(x-t)} \left[\cos b(x-t) + i\sin b(x-t) \right] \tag{4}$$

因为 r_1 与 r_2 的差别，只在于 i 前的正负号，所以可以立即写出

$$\mathrm{e}^{r_1(x-t)} = \mathrm{e}^{a(x-t)} \left[\cos b(x-t) - i\sin b(x-t) \right] \tag{5}$$

由式(4)减去式(5)，求得

$$\mathrm{e}^{r_2(x-t)} - \mathrm{e}^{r_1(x-t)} = 2i\mathrm{e}^{a(x-t)} \sin b(x-t) \tag{6}$$

最后，将所得结果代入公式(Ⅲ)，得

$$y^* = \frac{1}{b} \int_{x_0}^{x} X \mathrm{e}^{a(x-t)} \sin b(x-t) \mathrm{d}t \tag{Ⅳ}$$

这个公式也具有一般性，且已摆脱了虚数形式.

第三种情形　特征方程 $r^2 + pr + q = 0$ 具有重根 $r_1 = r_2 = r = -\dfrac{p}{2}$.

为得到我们所要求的 y^* 的公式,可把这种情形作为极限情形:在取极限前,r_1 及 r_2 是不相等的;在取极限后,r_1 与 r_2 都等于 r.

把公式(Ⅲ)写为

$$y^* = \int_{x_0}^{x} X \cdot \frac{\mathrm{e}^{r_1(x-t)} - \mathrm{e}^{r_1(x-t)}}{r_2 - r_1} \mathrm{d}t$$

我们看到,积分号内的比例式就是函数 $\mathrm{e}^{r(x-t)}$ 的增量对于自变量 r 的增量(当它从数值 r_1 变到 r_2 时所得到的增量)之比.由拉格朗日中值定理,知这个比值等于导数 $\dfrac{\mathrm{d}}{\mathrm{d}r}\mathrm{e}^{r(x-t)}$ 在某 $r^*(r_1 < r^* < r_2)$ 处的数值.所以取极限前,我们有

$$y^* = \int_{x_0}^{x} X(x-t)\mathrm{e}^{r^*(x-t)} \mathrm{d}t$$

当我们令特征方程的两个根 r_1 与 r_2 无限趋近固定的数值 r 时,则因为中值 r^* 介于 r_1 与 r_2 之间,所以它也具有极限 r.因此,取极限后便得到我们所要求的公式

$$y^* = \int_{x_0}^{x} X(x-t)\mathrm{e}^{r(x-t)} \mathrm{d}t, r = -\frac{p}{2} \qquad\qquad （Ⅴ）$$

这就是当特征方程具有相等的根时,非齐次方程(Ⅰ)的特殊解 y^* 的公式.

习　　题

一、求下列微分方程的一般解.

1. $\dfrac{\mathrm{d}^2 x}{\mathrm{d}t^2} + 9x = t + \dfrac{1}{2}$.　　　　　答:$x = C_1\cos 3t + C_2\sin 3t + \dfrac{t}{9} + \dfrac{1}{18}$.

2. $\dfrac{\mathrm{d}^2 x}{\mathrm{d}t^2} - 2\dfrac{\mathrm{d}x}{\mathrm{d}t} - 3x = 2t + 1$.　　　答:$x = C_1\mathrm{e}^{3t} + C_1\mathrm{e}^{-2t} - \dfrac{2t}{3} + \dfrac{1}{9}$.

3. $\dfrac{\mathrm{d}^2 x}{\mathrm{d}t^2} - 6\dfrac{\mathrm{d}x}{\mathrm{d}t} + 13x = 39$.　　　答:$x = \mathrm{e}^{3t}(C_1\cos 2t + C_2\sin 2t) + 3$.

4. $\dfrac{\mathrm{d}^2 x}{\mathrm{d}t^2} - 4\dfrac{\mathrm{d}x}{\mathrm{d}t} + 7x = 14$.　　　答:$x = \mathrm{e}^{2t}(C_1\cos\sqrt{3}t + C_2\sin\sqrt{3}t) + 2$.

5. $\dfrac{\mathrm{d}^2 y}{\mathrm{d}t^2} - 2\dfrac{\mathrm{d}y}{\mathrm{d}t} - 3y = \mathrm{e}^{2t}$.　　　答:$y = C_1\mathrm{e}^{3t} + C_2\mathrm{e}^{-t} - \dfrac{\mathrm{e}^{2t}}{3}$.

6. $\dfrac{\mathrm{d}^2 y}{\mathrm{d}t^2} - \dfrac{\mathrm{d}y}{\mathrm{d}t} - 2y = \mathrm{e}^{2t}$.　　　答:$y = C_1\mathrm{e}^{2t} + C_2\mathrm{e}^{-t} + \dfrac{t\mathrm{e}^{2t}}{3}$.

7. $\dfrac{\mathrm{d}^2 x}{\mathrm{d}t^2} + 9x = 9\mathrm{e}^{3t}$.　　　　答:$x = C_1\cos 3t + C_2\sin 3t + \dfrac{1}{2}\mathrm{e}^{3t}$.

8. $\dfrac{\mathrm{d}^2 x}{\mathrm{d}t^2} + 9x = 5\cos 2t$.　　　答:$x = C_1\cos 3t + C_2\sin 3t + \cos 2t$.

9. $\dfrac{d^2x}{dt^2}+9x=3\cos 3t.$　　　　答:$x=C_1\cos 3t+C_2\sin 3t+\dfrac{1}{2}t\sin 3t.$

10. $\dfrac{d^2x}{dt^2}-9x=5\cos 3t.$　　　　答:$x=C_1e^{3t}+C_2e^{-3t}-\dfrac{1}{3}\cos 3t.$

11. $\dfrac{d^2x}{dt^2}+4x=10\sin 3t.$　　　　答:$x=C_1\cos 2t+C_2\sin 2t-2\sin 3t.$

12. $\dfrac{d^2x}{dt^2}+4x=8\sin 2t.$　　　　答:$x=C_1\cos 2t+C_2\sin 2t-2t\cos 2t.$

13. $\dfrac{d^2y}{dt^2}-2\dfrac{dy}{dt}-3y=8\cos 2t.$　答:$y=C_1e^{3t}+C_2e^{-t}-\dfrac{32}{65}\sin 2t-\dfrac{56}{65}\cos 2t.$

14. $\dfrac{d^2x}{dt^2}+6\dfrac{dx}{dt}+13x=30\sin t.$

答:$x=e^{3t}(C_1\cos 2t+C_2\sin 2t)+2\sin t-\cos t.$

15. $\dfrac{d^2s}{dt^2}-2\dfrac{ds}{dt}+5s=10\sin t.$

答:$s=e^{-t}(C_1\cos 2t+C_2\sin 2t)+2\sin t+\cos t.$

16. $\dfrac{d^2x}{dt^2}-2\dfrac{dx}{dt}+5x=17\sin 2t.$

答:$x=e^{-t}(C_2\cos 2t+C_2\sin 2t)+4\cos 2t+\sin 2t.$

17. $\dfrac{d^2s}{dt^2}-4\dfrac{ds}{dt}+3s=4.$　　　　18. $\dfrac{d^2x}{dt^2}-\dfrac{dx}{dt}-6x=3t.$

19. $\dfrac{d^2y}{dx^2}-4y=x-2.$　　　　20. $\dfrac{d^2x}{dt^2}+4x=3-2t.$

21. $\dfrac{d^2x}{dt^2}-2\dfrac{dx}{dt}-3x=e^{3t}.$　　　　22. $\dfrac{d^2x}{dt^2}-2\dfrac{dx}{dt}-3x=e^{-t}.$

23. $\dfrac{d^2s}{dt^2}-9s=e^{3t}.$　　　　24. $2\dfrac{d^2y}{dt^2}-y=\sin t.$

25. $4\dfrac{d^2x}{dt^2}+x=4\sin\dfrac{t}{2}.$　　　　26. $\dfrac{d^2s}{dt^2}-16s=2\cos 4t.$

二、求下列各题满足所设条件的特殊解.

1. $\dfrac{d^2s}{dt^2}-4s=4; t=0$ 时,$s=1,\dfrac{ds}{dt}=0.$　　　　答:$s=e^{2t}+e^{-2t}-1.$

2. $\dfrac{d^2s}{dt^2}+4s=8t; t=0$ 时,$s=0,\dfrac{ds}{dt}=4.$　　　　答:$s=\sin 2t+2t.$

3. $\dfrac{d^2s}{dt^2}-3\dfrac{ds}{dt}=6; t=0$ 时,$s=1,\dfrac{ds}{dt}=1.$　　　　答:$s=e^{3t}-2t.$

4. $\dfrac{d^2y}{dx^2}-5\dfrac{dy}{dx}+6y=2e^x; x=0$ 时,$y=1,\dfrac{dy}{dx}=1.$　答:$y=e^x.$

5. $\dfrac{\mathrm{d}^2 x}{\mathrm{d}t^2} + x = \sin 2t; t=0$ 时，$x=0, \dfrac{\mathrm{d}x}{\mathrm{d}t}=0.$ 答：$x = \dfrac{2}{3}\sin t - \dfrac{1}{3}\sin 2t.$

6. $\dfrac{\mathrm{d}^2 x}{\mathrm{d}t^2} + x = 2\cos t; t=0$ 时，$x=2, \dfrac{\mathrm{d}x}{\mathrm{d}t}=0.$ 答：$x = 2\cos t + t\sin t.$

7. $\dfrac{\mathrm{d}^2 y}{\mathrm{d}x^2} - 9y = 2 - x; y=0, \dfrac{\mathrm{d}y}{\mathrm{d}x}=1(x=0).$

8. $\dfrac{\mathrm{d}^2 x}{\mathrm{d}t^2} - 2\dfrac{\mathrm{d}x}{\mathrm{d}t} + x = 4; x=4, \dfrac{\mathrm{d}x}{\mathrm{d}t}=2(t=0).$

9. $\dfrac{\mathrm{d}^2 x}{\mathrm{d}t^2} + 2\dfrac{\mathrm{d}x}{\mathrm{d}t} + x = \mathrm{e}^t; x=0, \dfrac{\mathrm{d}x}{\mathrm{d}t}=-2(t=0).$

10. $\dfrac{\mathrm{d}^2 x}{\mathrm{d}t^2} + 4s = 4\sin t; s=4, \dfrac{\mathrm{d}s}{\mathrm{d}t}=0(t=0).$

11. $\dfrac{\mathrm{d}^2 s}{\mathrm{d}t^2} + 4s = 2\cos 2t; s=0, \dfrac{\mathrm{d}s}{\mathrm{d}t}=4(t=0).$

12. $\dfrac{\mathrm{d}^2 y}{\mathrm{d}x^2} - 4y = 4\mathrm{e}^{2x}; y=0, \dfrac{\mathrm{d}y}{\mathrm{d}x}=0(x=0).$

13. $\dfrac{\mathrm{d}^2 s}{\mathrm{d}t^2} + s = \sin t + \cos 2t; s=0, \dfrac{\mathrm{d}s}{\mathrm{d}t}=0(t=0).$

14. $\dfrac{\mathrm{d}^2 s}{\mathrm{d}t^2} + s = \mathrm{e}^{-t} + 2; s=0; \dfrac{\mathrm{d}s}{\mathrm{d}t}=0(t=0).$

§12　力学问题上的应用

许多物理及力学问题可用本节所讲的方法来解决. 例如，直线运动的问题常可归结为一阶或二阶微分方程的问题，因而这些问题的解法依赖于上述微分方程的解.

首先，我们有

$$v = \frac{\mathrm{d}s}{\mathrm{d}t}, j = \frac{\mathrm{d}^2 s}{\mathrm{d}t^2} = \frac{\mathrm{d}v}{\mathrm{d}t} = v\frac{\mathrm{d}v}{\mathrm{d}s} \tag{1}$$

这里 v 与 j 分别是在某瞬时 t 的速度与加速度，而 s 是动点在所论瞬时沿其轨道到固定起点的距离.

例1　设在直线运动中，加速度反比于距离 s 的平方. 当 $s=2$ 时，加速度等于 -1，且已知 $t=0$ 时，$v=5$ 及 $s=8$.

（a）当 $s=24$ 时，求 v.

（b）求上述动点从 $s=8$ 到 $s=24$ 所需要的时间.

解 (a) 由第一个条件,有

$$j = -\frac{4}{s^2} \tag{2}$$

由(1)中最后一个等式,有

$$v\frac{\mathrm{d}v}{\mathrm{d}s} = -\frac{4}{s^2} \tag{3}$$

分离变量,乘以 $\mathrm{d}s$,再积分,得

$$\frac{v^2}{2} = \frac{4}{s} + C, \text{即 } v^2 = \frac{8}{s} + C_1 \tag{4}$$

由第二个条件,$v = 5$,$s = 8$,由此得 $C_1 = 24$. 因此,方程(4)可写为

$$v^2 = \frac{8}{s} + 24 \tag{5}$$

由此得:若 $s = 24$,则 $v = \frac{1}{3}\sqrt{219} \approx 4.93$.

(b) 由方程(5)解 v,得

$$\frac{\mathrm{d}s}{\mathrm{d}t} = v = \sqrt{8}\,\frac{\sqrt{s + 3s^2}}{s} \tag{6}$$

分离变量 s 及 t,在所给上下限 $s = 8$ 及 $s = 24$ 之间把 $\mathrm{d}t$ 积分,得到所求时间

$$T = \frac{2}{2\sqrt{2}}\int_8^{24}\frac{s\,\mathrm{d}s}{\sqrt{s + 3s^2}} \approx 3.20 \tag{7}$$

注 可以先利用等式(1)中的第一个等式,并写 $\dfrac{\mathrm{d}^2 s}{\mathrm{d}t^2} = -\dfrac{4}{s^2}$. 再由 §4 中的方法对这个方程积分.

当加速度 j 与距离成正比而正负号相反时,这种直线运动是很重要的.

在这种情形下,我们有

$$j = -k^2 s \tag{8}$$

其中 k^2 为单位距离时的加速度.

如果记力及其所产生的加速度(除常数因子外)是一致的,那么我们就会看到,作用在动点上的力恒朝向 $s = 0$ 点,而其大小则正比于距离 s,这种运动称为简谐振动.

应用等式(1),由(8)可得

$$\frac{\mathrm{d}^2 s}{\mathrm{d}t^2} + \mathrm{d}^2 s = 0 \tag{9}$$

它是一个常系数二阶线性方程,积分后(参阅 §11 中例 2),得到一般解

$$s = C_1 \cos kt + C_2 \sin kt \tag{10}$$

微分这个等式,有

$$v = k(-C_1 \sin kt + C_2 \cos kt) \tag{11}$$

不难看到,公式(10)所得出的运动,是以 $\dfrac{2\pi}{k}$ 为周期的周期性振动.这个振动是在下面两个边界位置之间做的

$$s = \sqrt{C_1^2 + C_2^2} \text{ 及 } s = -\sqrt{C_1^2 + C_2^2}$$

实际上,我们可以用另外两个常数 A 及 B 来代替常数 C_1 及 C_2,得到

$$C_1 = B\sin A \text{ 及 } C_2 = B\cos A \tag{12}$$

于是有

$$s = B\sin(kt + A) \tag{13}$$

这时显然 $B = \sqrt{C_1^2 + C_2^2}$,又 s 是 t 的周期函数,其周期为 $\dfrac{2\pi}{k}$.

在下面的一些例子中,我们将讲述简谐振动受外力干扰的情形.在所有这些情形中,问题或依赖于上一节中所研究的齐次方程(Ⅱ),或依赖于上一节中非齐次方程(Ⅰ).

例 2 已知直线运动 $j = -\dfrac{5}{4}s - v$,当 $t = 0$ 时,$v = 2$,$s = 0$.

(a) 求运动方程(即将 s 表示为 t 的函数).

(b) t 为何值时,我们有 $v = 0$?

解 (a) 由等式(1),得

$$\frac{\mathrm{d}^2 s}{\mathrm{d}t^2} + \frac{\mathrm{d}s}{\mathrm{d}t} + \frac{5}{4}s = 0 \tag{14}$$

这是上一节中齐次方程(Ⅱ).特征方程是 $r^2 + r + \dfrac{5}{4} = 0$.它具有根:$r_1 = -\dfrac{1}{2} + \mathrm{i}$,$r_2 = -\dfrac{1}{2} - \mathrm{i}$.因此方程(14)的一般解是

$$s = \mathrm{e}^{-\frac{t}{2}}(C_1 \cos t + C_2 \sin t) \tag{15}$$

因为当 $t = 0$ 时,我们应有 $s = 0$,所以 $C_1 = 0$.所以我们有

$$s = C_1 \mathrm{e}^{-\frac{t}{2}} \sin t \tag{16}$$

对 t 微分,以求 v,我们得

$$v = C_2 \mathrm{e}^{-\frac{t}{2}}\left(-\frac{\sin t}{2} + \cos t\right) \tag{17}$$

因为当 $t = 0$ 时,我们应有 $v = 2$,所以 $C_2 = 2$.

所以运动方程是

$$s = 2\mathrm{e}^{-\frac{t}{2}} \sin t \tag{18}$$

(b) 公式(17)告诉我们,当 $v = 0$ 时,括号内的式子应等于零.令其等于零,即得

$$\tan t = 2 \tag{19}$$

所以我们应有

$$t = 1.10 + n\pi \, (n \text{ 为整数}) \tag{20}$$

公式(20)中, t 的两个连续的数值恒差 π.

讨论 这个例子说明了一种减幅谐振动. 事实上, 在原来的方程 $j = -\dfrac{5}{4}s - v$ 中, 加速度是两个分量之和

$$j_1 = -\frac{5}{4}s \text{ 及 } j_2 = -v \tag{21}$$

对应于分量 j_1 的简谐运动, 受给出加速度 j_2 的减幅力的干扰, 这个减幅力就是正比于速度的力, 其方向与运动方向相反. 这个减幅力有两种效果:

第一, 减幅力延长了相应的 $v = 0$ 的两个位置之间的时间. 因为, 就简谐振动 $j_1 = -\dfrac{5}{4}s$ 而言, 与(8)相比, 可知 $k = \dfrac{1}{2}\sqrt{5} = 1.12\cdots$. 这时, 半个周期是 $0.89\cdots\pi$, 在减幅谐振动的情形下, 所对应的时间是 π.

第二, 两个相继的 $v = 0$ 的边界位置之间的距离 s, 本来是常量, 现在却形成了递减等比数列, 其证明从略.

例 3 已知直线运动方程为

$$j = -4s + 2\cos 2t \tag{22}$$

当 $t = 0$ 时, $s = 0$, $v = 2$.

(a) 求运动方程.

(b) t 为何值时, 我们有 $v = 0$?

解 (a) 由公式(1), 我们有

$$\frac{\mathrm{d}^2 s}{\mathrm{d}t^2} + 4s = 2\cos 2t \tag{23}$$

所需要的特殊解已经在 §10 例 6 中求得了. 因此有

$$s = \sin 2t + \frac{1}{2}t\sin 2t \tag{24}$$

(b) 微分(24), 以求 v, 并令结果等于零. 我们得到

$$(2 + t)\cos 2t + \frac{1}{2}\sin 2t = 0 \tag{25}$$

或用 $\cos 2t$ 来除, 得

$$\frac{1}{2}\tan 2t + 2 + t = 0 \tag{26}$$

图 1 表示方程

$$y = \frac{1}{2}\tan 2t, \quad y = -2 - t \tag{27}$$

积分学理论

76

其交点横坐标的近似值为

$$t_1 = 0.88, t_2 = 2.36, \cdots$$

讨论 这个例子说明了强迫谐振动. 实际上, 在 (22) 中, 分量 j 为两个分量的和

$$j_1 = -4s \text{ 及 } j_2 = 2\cos 2t$$

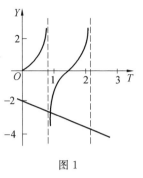

图 1

对应于分量 j_1 且周期为 π 的简谐振动, 现在受产生加速度 j_2 的力的干扰, 这个力是周期性的, 其周期 (π) 与未受干扰的简谐振动的周期相同. 这种干扰力有两种效果:

第一, 两个相继的 $v=0$ 的位置之间的时间, 已经不是常量, 而是逐渐减少且趋近于 $\frac{\pi}{2}$.

第二, 两个相继的 $v=0$ 的边界位置之间的距离 s, 现在逐渐增加, 其绝对值无限增大.

习　　题

下面各题中, 已知加速度及初始条件, 试求运动方程.

1. $j = -4s; s=0, v=10(t=0)$. 答: $s = 5\sin 2t$.

2. $j = -4s; s=8, v=0(t=0)$. 答: $s = 8\cos 2t$.

3. $j = -4s; s=2, v=10(t=0)$. 答: $s = 2\cos 2t + 5\sin 2t$.

4. $j = -s+k; s=0, v=0(t=0)$. 答: $s = k(1-\cos t)$.

5. $j = -2v-5s; s=5, v=-5(t=0)$. 答: $s = 5e^{-t}\cos 2t$.

6. $j = -2v-5s; s=0, v=12(t=0)$. 答: $s = 12e^{-t}\sin 2t$.

7. $j = \sin 2t - s; s=0, v=1(t=0)$. 答: $s = \frac{5}{3}\sin t - \frac{1}{3}\sin 2t$.

8. $j = \sin 2t - 4s; s=0, v=0(t=0)$. 答: $s = \frac{1}{8}\sin 2t - \frac{1}{4}t\cos 2t$.

9. $j = -\frac{s}{4}; s=0, v=4(t=0)$.

10. $j = 9(1-s); s=0, v=0(t=0)$.

11. $j = -4v-5s; s=0, v=5(t=0)$.

12. $j = \cos t - 4s; s=0, v=0(t=0)$.

13. $j = \cos 2t - 4s; s=0, v=0(t=0)$.

14. $j = -4v - 13s; s = 0, v = 6(t = 0).$

15. 一个质点的加速度为 $j = -4s + 3\sin t.$

(a) 若质点由原点自静止状态开始运动,求其运动方程.

(b) 质点离原点的最大距离可以是多少?

16. 若加速度为 $j = -4s - 8\sin 2t$, 试回答第 15 题中的问题.

答:(a) $s = 2t\cos 2t - \sin 2t$;(b) $s = 2t\cos 2t + \sin 2t.$

17. 一个物体受其自身重力及一个正比于速度的阻力的作用,由静止状态下落,证明下列各关系式

$$j = g - kv$$

$$v = \frac{g}{k}(1 - e^{-kt})$$

$$s = \frac{g}{k^2}(kt + e^{-kt} - 1)$$

$$ks + v + \frac{g}{k}\left(1 - \frac{kv}{g}\right) = 0$$

18. 一个物体自静止状态下落 80 m,试应用 $j = 32 - v$ 求时间.答:3.47 s.

19. 船在静水中行驶,所受的滞阻力与其相应时刻的速度成比例.试证停车 t s 后船的速度为 $v = ce^{-kt}$,其中 c 为停车时船的速度.

20. 一只船在静水面上随风漂流,其某时刻的速度为 2 km/h,1 min 后,速度为 1 km/h.求船所经过的距离.

21. 在某些条件下,电流计指针偏斜的方程为

$$\frac{d^2\theta}{dt^2} + 2\mu \frac{d\theta}{dt} + k^2\theta = 0$$

试证:若 $\mu > k$,则指针能指到零点.试求:当 $\mu < k$ 时的完全解.

§13　常系数 n 阶线性微分方程

齐次方程

其形式为

$$\frac{d^n y}{dx^n} + p_1 \frac{d^{n-1}y}{dx^{n-1}} + p_2 \frac{d^{n-2}y}{dx^{n-2}} + \cdots + p_n y = 0 \qquad (\text{I})$$

其中 $p_1, p_2, \cdots, p_n$ 都是常数.

对方程(I)做置换 $y = e^{rx}$,左边得

$$(r^n + p_1 r^{n-1} + p_2 r^{n-2} + \cdots + p_{n-1} r + p_n)e^{rx}$$

当且仅当 r 的值满足方程

$$r^n + p_1 r^{n-1} + p_2 r^{n-2} + \cdots + p_{n-1} r + p_n = 0 \qquad (1)$$

时,上面的表达式为零.这个方程(1)称为微分方程(Ⅰ)的特征方程.假若 r 是特征方程的根,则 e^{rx} 是微分方程(Ⅰ)的解.

特征方程(1)的根产生微分方程(Ⅰ)的特殊解.这与二阶方程的情形完全一样.我们立即可写出方程(Ⅰ)的积分法则,其证明见较详细的教本.

解微分方程(Ⅰ)的法则

第一步,写出特征方程

$$r^n + p_1 r^{n-1} + p_2 r^{n-2} + \cdots + p_{n-1} r + p_n = 0$$

第二步,完全解出特征方程的根,求出其实根、虚根、单根及重根,共 n 个.

第三步,按下列规律,根据特征方程的各个根,做出对应的特殊解.

(a) 每一个实根 r_1 给出了特殊解 $\mathrm{e}^{r_1 x}$;

(b) 每一对共轭虚根 $a \pm ib$ 给出了两个特殊解 $\mathrm{e}^{ax} \cos bx$ 及 $\mathrm{e}^{ax} \sin bx$;

(c) 重根 s 给出了 s(或 $2s$)个特殊解,系由特殊解(a)[或(b)]乘 $1, x$, $x^2, \cdots, x^{s-1}$ 而得.

第四步,将所得 n 个独立解[①]分别乘以任意常量后相加,这个和就是微分方程的一般解.

例 1 解微分方程 $\dfrac{\mathrm{d} y^3}{\mathrm{d} x^3} - 3 \dfrac{\mathrm{d}^2 y}{\mathrm{d} x^2} + 4y = 0$.

解 应用上述法则.

第一步,写出特征方程

$$r^3 - 3r^2 + 4 = 0$$

第二步,解之,其根为 $-1, 2, 2$.

第三步,-1 为根,给出了特殊解 e^{-x};重根 2 给出了两个特殊解:e^{2x} 及 $x\mathrm{e}^{2x}$.

第四步,一般解是 $y = C_1 \mathrm{e}^{-x} + C_2 \mathrm{e}^{2x} + C_3 x \mathrm{e}^{2x}$.

例 2 解方程

$$\frac{\mathrm{d}^4 y}{\mathrm{d} x^4} - 4 \frac{\mathrm{d}^3 y}{\mathrm{d} x^3} + 10 \frac{\mathrm{d}^2 y}{\mathrm{d} x^2} - 12 \frac{\mathrm{d} y}{\mathrm{d} x} + 5y = 0$$

解 应用上述法则.

第一步,特征方程为

$$r^4 - 4r^3 + 10r^2 - 12r + 5 = 0$$

第二步,解之,其根为 $1, 1, 1 \pm 2i$.

---

① 做完前三步,应得 n 个线性独立的解,由此可验证所算是否有误.如果做得对,那么就应当恰好得到 n 个线性独立的解.

第三步,一对虚根 $1\pm 2\mathrm{i}$ 给出了两个特殊解: $\mathrm{e}^x\cos 2x$ 及 $\mathrm{e}^x\sin 2x$. 二重根 1 给出了两个特殊解: e^x 及 $x\,\mathrm{e}^x$.

第四步,一般解为

$$y = C_1\mathrm{e}^x + C_2 x\mathrm{e}^x + C_3\mathrm{e}^x\cos 2x + C_4\mathrm{e}^x\sin 2x$$

即

$$y = \mathrm{e}^x(C_1 + C_2 x + C_3\cos 2x + C_4\sin 2x)$$

非齐次方程　　其形式如下

$$\frac{\mathrm{d}^n y}{\mathrm{d}x^n} + p_1\frac{\mathrm{d}^{n-1}y}{\mathrm{d}x^{n-1}} + p_2\frac{\mathrm{d}^{n-2}y}{\mathrm{d}x^{n-2}} + \cdots + p_n y = X \qquad\qquad (\mathrm{II})$$

其中 $p_1,p_2,\cdots,p_n$ 为常数, X 只是 x 的连续函数.

由 §8 我们已经知道,非齐次方程(Ⅱ)的一般解 y 可写为

$$y = C_1 Y_1 + C_2 Y_2 + \cdots + C_n Y_n + y^* \qquad\qquad (2)$$

其中 $C_1 Y_1 + C_2 Y_2 + \cdots + C_n Y_n$ 为齐次方程(Ⅰ)的一般解,其求法已经是我们熟悉了的,末项 y^* 乃非齐次方程(Ⅱ)的任意一个特殊解.

这样,所要做的只是求方程(Ⅱ)的任意一个特殊解 y^*. 但这里,右边的 X 是任意的连续函数,这就非常难了.

可是,当函数 X 具有特殊形式时,如 §10 中的形式,则求特殊解 y^* 就非常容易. 在这种情形下,我们可以把对二阶方程所用的所有方法,全应用到 n 阶方程(Ⅱ)上来,一样有效,有下面的一些情形:

① 函数 X 是 x 的多项式 $P(x)$.

② 函数 X 为多项式 $P(x)$ 与指数函数 e^{ax} 的乘积 $P(x)\mathrm{e}^{ax}$.

③ 函数 X 为乘积 $P(x)\cos bx$ 或 $P(x)\sin bx$,其中 $P(x)$ 为多项式.

在这三种情形,特殊解 y^* 的确定如例子中已指出的,是应用未定系数法来做的.

在这些情形也可以遵循求特殊解 y^* 的法则.

第一步,逐次微分所给方程(Ⅱ),直接或者利用消去法以得新的微分方程. 虽然所得微分方程的阶数 m 是高一些的,但是它是齐次的,即属于(Ⅰ)的类型.

第二步,按照解齐次方程的法则,解这个新的微分方程,并将它的一般解写为下面的形式

$$(C_1 Y_1 + C_2 Y_2 + \cdots + C_n Y_n) + C_{n+1}Y_{n+1} + \cdots + C_m Y_m$$

这里写在括号中的和是原来的齐次方程(即用零代换所给方程中的函数 X 后所得的方程)的一般解.

第三步,将表达式 $C_{n+1}Y_{n+1} + \cdots + C_m Y_m$ 代入所给的方程(Ⅱ)中,令所得恒等式左右两边同类项的系数相等,由此决定常数 $C_{n+1}^{(0)},\cdots,C_m^{(0)}$,再把这些常数代入表达式 $C_{n+1}Y_{n+1} + \cdots + C_m Y_m$ 中. 这个表达式

$$y^* = C_{n+1}^{(0)}Y_{n+1} + \cdots + C_m^{(0)}Y_m$$

就是我们所要求的所给方程(Ⅱ)的一个特殊解.

我们用例子来说明这个方法.

注 我们要注意:新的微分方程的特征方程的左边部分,恒可以被原来的微分方程的特征方程的左边部分除尽,故新的特征方程的解法可以大大简化.

例 解微分方程

$$y'' - 3y' + 2y = x e^x \tag{3}$$

解 特征方程为 $r^2 - 3r + 2 = 0$.其根为 $2,1$,故对应的齐次方程的一般解为

$$C_1 e^{2x} + C_2 e^x \tag{4}$$

第一步,微分式(3),得

$$y''' - 3y'' + 2y' = x e^x + e^x \tag{5}$$

从式(5)减去式(3)[①],得

$$y''' - 4y'' + 5y' - 2y = e^x \tag{6}$$

再微分,得

$$y^{(4)} - 4y''' + 5y'' - 2y' = e^x \tag{7}$$

从式(7)减去式(6),得

$$y^{(4)} - 5y''' + 9y'' - 7y' + 2y = 0 \tag{8}$$

这已经是(Ⅰ)型的方程,也就是说,已经是齐次方程了.

第二步,解(8).其特征方程为 $r^4 - 5r^3 + 9r^2 - 7r + 2 = 0$.其左边部分应当能被所设的非齐次方程(3)的特征方程的左边除尽.实际上,我们有

$$r^4 - 5r^3 + 9r^2 - 7r + 2 = (r^2 - 3r + 2)(r-1)^2$$

故特征方程

$$r^4 - 5r^3 + 9r^2 - 7r + 2 = 0 \tag{9}$$

的根为 $1,1,1,2$.因此方程(8)的一般解是

$$(C_1 e^{2x} + C_2 e^x) + C_3 x e^x + C_4 x^2 e^x \tag{10}$$

第三步,比较(4)及(10),我们看到,当任意常量 C_3 及 C_4 取得适当的数值 $C_3^{(0)}$ 及 $C_4^{(0)}$ 时

$$y^* = C_3^{(0)} x e^x + C_4^{(0)} x^2 e^x \tag{11}$$

是微分方程(3)的特殊解之一.

为了求 $C_3^{(0)}$ 及 $C_4^{(0)}$,微分(11)两次,得

$$\begin{cases} \dfrac{\mathrm{d}y^*}{\mathrm{d}x} = C_3^{(0)}(x e^x + 2 e^x) + C_4^{(0)}(x^2 e^x + 2x e^x) \\ \dfrac{\mathrm{d}^2 y^*}{\mathrm{d}x^2} = C_3^{(0)}(x e^x + 2 e^x) + C_4^{(0)}(x^2 e^x + 4x e^x + 2 e^x) \end{cases} \tag{12}$$

---

① 我们可以大胆地做这个减法,因为将所设微分方程微分任意次后所得的新的方程,恒包含原来方程的所有解.因此,新的和原来的方程可以相加或相减,以组成另外的方程.

将(11)及(12)代入方程(3),两边消去 e^x,合并同类项后,得

$$-2C_4^{(0)}x + 2C_4^{(0)} - C_3^{(0)} = x \tag{13}$$

令 x 同幂项的系数相等,乃有 $-2C_4^{(0)} = 1$ 及 $2C_4^{(0)} - C_3^{(0)} = 0$. 由此得 $C_3^{(0)} = -1$ 及 $C_4^{(0)} = -\frac{1}{2}$,代入(11),得

$$y^* = -x e^x \left(1 + \frac{1}{2}x\right) \tag{14}$$

这就是方程(3)的特殊解,其一般解为

$$y = C_1 e^{2x} + C_2 e^x - x e^x \left(1 + \frac{x}{2}\right)$$

§14   拉格朗日的变化常量法(2)

这个方法是用来求微分方程

$$y^{(n)} + p_1 y^{(n-1)} + p_2 y^{(n-2)} + \cdots + p_n y = X \tag{Ⅰ}$$

的特殊解 y^* 的,这时需已知齐次方程

$$y^{(n)} + p_1 y^{(n-1)} + p_2 y^{(n-2)} + \cdots + p_n y = 0 \tag{Ⅱ}$$

的一般解

$$C_1 Y_1 + C_2 Y_2 + \cdots + C_n Y_n \tag{1}$$

像 §9 中关于二阶方程所做的一样,用拉格朗日法写出 n 个未知函数 C_1', $C_2', \cdots, C_n'$ 的线性方程

$$\begin{cases} C_1' Y_1 + C_2' Y_2 + \cdots + C_n' Y_n = 0 \\ C_1' Y_1' + C_2' Y_2' + \cdots + C_n' Y_n' = 0 \\ C_1' Y_1'' + C_2' Y_2'' + \cdots + C_n' Y_n'' = 0 \\ \vdots \\ C_1' Y_1^{(n-2)} + C_2' Y_2^{(n-2)} + \cdots + C_n' Y_n^{(n-2)} = 0 \\ C_1' Y_1^{(n-1)} + C_2' Y_2^{(n-1)} + \cdots + C_n' Y_n^{(n-1)} = X \end{cases} \tag{2}$$

这个代数方程组(2)决定未知量 $C_1', C_2', \cdots, C_n'$ 为 x 的函数. 把这些函数作为 x 的某些函数 $C_1, C_2, \cdots, C_n$ 的导数,用简单的积分,我们就能求出

$$C_1 = \int C_1' dx, C_2 = \int C_2' dx, \cdots, C_n = \int C_n' dx$$

这样决定 x 的 n 个函数 $C_1, C_2, \cdots, C_n$ 后,我们取表达式

$$y^* = C_1 Y_1 + C_2 Y_2 + \cdots + C_n Y_n \tag{3}$$

再证明,它一定是所给的非齐次微分方程(Ⅰ)的特殊解.

事实上,写出表达式(3),再将它微分 n 次,利用代数方程(3)得

$$
\begin{cases}
y^* = C_1 Y_1 + C_2 Y_2 + \cdots + C_n Y_n \\
\dfrac{\mathrm{d} y^*}{\mathrm{d} x} = C_1 Y_1' + C_2 Y_2' + \cdots + C_n Y_n' \\
\dfrac{\mathrm{d}^2 y^*}{\mathrm{d} x^2} = C_1 Y_1'' + C_2 Y_2'' + \cdots + C_n Y_n'' \\
\vdots \\
\dfrac{\mathrm{d}^{n-1} y^*}{\mathrm{d} x^{n-1}} = C_1 Y_1^{(n-1)} + C_2 Y_2^{(n-1)} + \cdots + C_n Y_n^{(n-1)} \\
\dfrac{\mathrm{d}^n y^*}{\mathrm{d} x^n} = C_1 Y_1^{(n)} + C_2 Y_2^{(n)} + \cdots + C_n Y_n^{(n)} + X
\end{cases} \tag{4}
$$

这些方程依次乘以 $p_n, p_{n-1}, \cdots, p_1, 1$,并相加,即得

$$
\frac{\mathrm{d}^n y^*}{\mathrm{d} x^n} + p_1 \frac{\mathrm{d}^{n-1} y^*}{\mathrm{d} x^{n-1}} + \cdots + p_{n-1} \frac{\mathrm{d} y^*}{\mathrm{d} x} + p_n y^* = X \tag{5}
$$

因为 $Y_1, Y_2, \cdots, Y_n$ 为齐次方程(Ⅱ)的特殊解,所以把各行相加,都得零. 因此,由公式(3)所决定的 y^* 是所给方程(Ⅰ)的特殊解.

我们注意,这里的系数 $p_1, p_2, \cdots, p_n$ 及右边的函数 X,可以是自变量 x 的任意的连续函数.

习　　题

求下列微分方程的一般解.

1. $\dfrac{\mathrm{d}^4 s}{\mathrm{d} t^4} + 3 \dfrac{\mathrm{d}^2 s}{\mathrm{d} t^2} - 4s = 0.$

答: $s = C_1 \mathrm{e}^t + C_2 \mathrm{e}^{-t} + C_3 \cos 2t + C_4 \sin 2t.$

2. $\dfrac{\mathrm{d}^4 x}{\mathrm{d} t^4} - 4 \dfrac{\mathrm{d}^2 x}{\mathrm{d} t^2} = 0.$

答: $x = C_1 + C_2 t + C_3 \mathrm{e}^{2t} + C_4 \mathrm{e}^{-2t}.$

3. $\dfrac{\mathrm{d}^3 x}{\mathrm{d} t^3} + \dfrac{\mathrm{d}^2 x}{\mathrm{d} t^2} - 12 \dfrac{\mathrm{d} x}{\mathrm{d} t} = 0.$

答: $x = C_1 + C_2 \mathrm{e}^{3t} + C_3 \mathrm{e}^{-4t}.$

4. $\dfrac{\mathrm{d}^3 y}{\mathrm{d} x^3} - 4 \dfrac{\mathrm{d} y}{\mathrm{d} x} = 0.$

答: $y = C_1 + C_2 \mathrm{e}^{2x} + C_3 \mathrm{e}^{-2x}.$

5. $\dfrac{\mathrm{d}^5 s}{\mathrm{d} t^5} - 4 \dfrac{\mathrm{d} s}{\mathrm{d} t} = 0.$

答：$s = C_1 + C_2 e^{-\sqrt{2}t} + C_3 e^{-\sqrt{2}t} + C_4 \cos\sqrt{2} \cdot t + C_5 \sin\sqrt{2} \cdot t$.

6. $\dfrac{\mathrm{d}^4 y}{\mathrm{d}x^4} + 2\dfrac{\mathrm{d}^2 y}{\mathrm{d}x^2} - 8y = 0$.

答：$y = C_1 e^{\sqrt{2}x} + C_2 e^{\sqrt{2} \cdot x} + C_3 \cos 2x + C_4 \sin 2x$.

7. $\dfrac{\mathrm{d}^4 \rho}{\mathrm{d}\theta^4} - 12\dfrac{\mathrm{d}^2 \rho}{\mathrm{d}\theta^2} + 27\rho = 0$.

答：$\rho = C_1 e^{3\theta} + C_2 e^{-3\theta} + C_3 e^{\sqrt{3}\theta} + C_4 e^{-\sqrt{3}\theta}$.

8. $\dfrac{\mathrm{d}^3 s}{\mathrm{d}t^3} + 3\dfrac{\mathrm{d}^2 s}{\mathrm{d}t^2} + 3\dfrac{\mathrm{d}s}{\mathrm{d}t} + s = 0$.

答：$s = e^{-t}(C_1 + C_2 t + C_3 t^2)$.

9. $\dfrac{\mathrm{d}^4 y}{\mathrm{d}x^4} - 2\dfrac{\mathrm{d}^3 y}{\mathrm{d}x^3} + 2\dfrac{\mathrm{d}^2 y}{\mathrm{d}x^2} - 2\dfrac{\mathrm{d}y}{\mathrm{d}x} + y = 0$.

答：$y = e^x(C_1 + C_2 x) + C_3 \cos x + C_4 \sin x$.

10. $\dfrac{\mathrm{d}^4 s}{\mathrm{d}t^4} + 3\dfrac{\mathrm{d}^3 s}{\mathrm{d}t^3} + 3\dfrac{\mathrm{d}^2 s}{\mathrm{d}t^2} + \dfrac{\mathrm{d}s}{\mathrm{d}t} = 0$.

答：$s = C_1 + e^{-t}(C_2 + C_3 t + C_4 t^2)$.

11. $\dfrac{\mathrm{d}^4 y}{\mathrm{d}x^4} + 2n^2 \dfrac{\mathrm{d}^2 y}{\mathrm{d}x^2} + n^4 y = 0$.

答：$y = (C_1 + C_2 x) \cdot \cos nx + (C_3 + C_4 x)\sin nx$.

12. $\dfrac{\mathrm{d}^3 s}{\mathrm{d}t^3} = s$.

答：$s = C_1 e^t + e^{-\frac{t}{2}}\left(C_2 \cos\dfrac{\sqrt{3}t}{2} + C_3 \sin\dfrac{\sqrt{3}t}{2}\right)$.

13. $\dfrac{\mathrm{d}^3 \rho}{\mathrm{d}\theta^3} - 2\dfrac{\mathrm{d}^2 \rho}{\mathrm{d}\theta^2} + \dfrac{\mathrm{d}\rho}{\mathrm{d}\theta} = e^\theta$.

答：$\rho = C_1 + e^\theta\left(C_2 + C_3 + \dfrac{\theta^2}{2}\right)$.

14. $\dfrac{\mathrm{d}^4 y}{\mathrm{d}x^4} = y + x^3$.

答：$y = C_1 e^x + C_2 e^{-x} + C_3 \cos x + C_4 \sin x - x^3$.

15. $\dfrac{\mathrm{d}^3 s}{\mathrm{d}t^3} - \dfrac{\mathrm{d}^2 s}{\mathrm{d}t^2} - 6\dfrac{\mathrm{d}s}{\mathrm{d}t} = 6$.

答：$s = C_1 + C_2 e^{3t} + C_3 e^{-2t} - t$.

16. $\dfrac{\mathrm{d}^2 y}{\mathrm{d}x^2} - 3\dfrac{\mathrm{d}y}{\mathrm{d}x} + 2y = x e^{nx}$.

答：$y = C_1 e^x + C_2 e^{2x} + \dfrac{x e^{nx}}{n^2 - 3n + 2} - \dfrac{(2n-3)e^{nx}}{(n^2 - 3n + 2)^2}$.

积分学理论

17. $\dfrac{d^2 s}{dt^2} - 9\dfrac{ds}{dt} + 20s = t^2 e^{3t}$.

答：$s = C_1 e^{4t} + C_2 e^{5t} + \dfrac{e^{3t}(7 + 6t + 2t^2)}{4}$.

18. $\dfrac{d^2 s}{dt^2} + 4s = t\sin^2 t$.

答：$s = C_1 \cos 2t + C_2 \sin 2t + \dfrac{t}{8} - \dfrac{t\cos 2t}{32} - \dfrac{t^3 \sin 2t}{16}$.

19. $\dfrac{d^4 s}{dt^4} - 5\dfrac{d^2 s}{dt^2} + 4s = 0$.

20. $\dfrac{d^4 s}{dt^4} + 5\dfrac{d^2 s}{dt^2} + 4s = 0$.

21. $\dfrac{d^3 y}{dx^3} - \dfrac{d^2 y}{dx^2} - 4\dfrac{dy}{dx} + 4y = x^2 - 8$.

22. $\dfrac{d^4 y}{dx^4} - 3\dfrac{d^3 y}{dx^3} + 3\dfrac{d^2 y}{dx^2} - \dfrac{dy}{dx} = 0$.

难　　题

一、求下列微分方程的一般解.

1. $\dfrac{dy}{dx} + \dfrac{y^2}{2x + 1} = 0$.　答：$Ce^{\frac{1}{y}} = 2x + 1$.

2. $8\left(\dfrac{dy}{dx}\right)^3 = 27y$.　答：$y = (t + C)^{\frac{3}{2}}$.

3. $\left(\dfrac{dy}{dx}\right)^3 - 27y^2 = 0$.　答：$y = (x + C)^3$.

4. $4\left(\dfrac{dy}{dx}\right)^2 = 9x$.　答：$y = x^{\frac{3}{2}} + C$.

5. $\dfrac{d^2 y}{dt^2} + 4y = 5\sin 3t - 10\cos 3t$.

答：$y = C_1 \cos 2t + C_2 \sin 2t + 2\cos 3t - \sin 3t$.

6. $\dfrac{dy^2}{dt^2} + 4y = 4e^{2t} + 4t^2$.

答：$y = C_1 \cos 2t + C_2 \sin 2t + \dfrac{1}{2}e^{2t} + t^2 - 2$.

7. $\dfrac{d^2 y}{dt^2} + 4y = 16 - 5\sin 3t$.

答：$y = C_1 \cos 2t + C_2 \sin 2t + \sin 3t + 4$.

8. $\dfrac{\mathrm{d}^2 y}{\mathrm{d}t^2} + 4y = 8\mathrm{e}^{2t} + 15\sin\dfrac{t}{2}$.

答: $y = C_1\cos 2t + C_2\sin 2t + \mathrm{e}^{2t} + 4\sin\dfrac{t}{2}$.

9. $y\mathrm{d}x + (x + y)\mathrm{d}y = 0$.　答: $y^2 + 2xy = C$.

10. $\dfrac{\mathrm{d}s}{\mathrm{d}t} + \dfrac{s}{t} = 0$.　答: $s = \dfrac{t^2}{3} + \dfrac{C}{t}$.

11. $\dfrac{\mathrm{d}^2 s}{\mathrm{d}t^2} = \dfrac{4}{s^3}$.　答: $C_3 s^2 = (C_1 t + C_2)^2 + 4$.

12. $x\sin\left(\dfrac{y}{x}\right)\mathrm{d}y - y\sin\left(\dfrac{y}{x}\right)\mathrm{d}x + x\,\mathrm{d}x = 0$.　答: $Cx = \mathrm{e}^{\cos\left(\frac{y}{x}\right)}$.

13. $\dfrac{\mathrm{d}s}{\mathrm{d}t} + s\tan t = \tan t$.　答: $s = 1 + C\cos t$.

14. $\dfrac{\mathrm{d}^2 y}{\mathrm{d}t^2} - \dfrac{\mathrm{d}y}{\mathrm{d}t} - 6y = 6\mathrm{e}^{4t} - 8\mathrm{e}^{-t}$.

答: $y = C_1\mathrm{e}^{3t} + C_2\mathrm{e}^{-2t} + \mathrm{e}^{4t} + 2\mathrm{e}^{-t}$.

15. $\dfrac{\mathrm{d}^2 x}{\mathrm{d}t^2} - 2\dfrac{\mathrm{d}x}{\mathrm{d}t} - 3x = 4\mathrm{e}^{3t} - 12$.

答: $x = C_1\mathrm{e}^{3t} + C_2\mathrm{e}^{-t} + t\mathrm{e}^{3t} + 4$.

16. $\dfrac{\mathrm{d}^2 x}{\mathrm{d}t^2} - 2\dfrac{\mathrm{d}x}{\mathrm{d}t} + 5x = 5\mathrm{e}^{2t} - 11\mathrm{e}^{-t}$.

答: $x = \mathrm{e}^{-t}(C_1\cos 2t + C_2\sin 2t) + \mathrm{e}^{2t} + \dfrac{11}{8}\mathrm{e}^{-t}$.

17. $(x^2 + y^2)\mathrm{d}x - 2xy\mathrm{d}y = 0$.　答: $Cx = x^2 - y^2$.

18. $\dfrac{\mathrm{d}s}{\mathrm{d}t} + 2st = t^3$.　答: $s = \dfrac{1}{2}(t^2 - 1) + C\mathrm{e}^{-t^2}$.

19. $2\dfrac{\mathrm{d}^3 y}{\mathrm{d}x^3} - 3\dfrac{\mathrm{d}^2 y}{\mathrm{d}x^2} + 2\dfrac{\mathrm{d}y}{\mathrm{d}x} + 2y = 0$.

答: $y = C_1\mathrm{e}^{-\frac{x}{2}} + \mathrm{e}^x(C_2\cos x + C_3\sin x)$.

20. $\dfrac{\mathrm{d}s}{\mathrm{d}t} + \dfrac{2st}{t^2 + 1} = \dfrac{1}{t}$.

21. $\dfrac{\mathrm{d}^2 s}{\mathrm{d}t^2} + 4\dfrac{\mathrm{d}s}{\mathrm{d}t} + 13s = 4\cos 3t - 12\sin 3t$.

22. $\dfrac{\mathrm{d}^2 x}{\mathrm{d}t^2} - \dfrac{\mathrm{d}x}{\mathrm{d}t} - 6x = -5\mathrm{e}^{-2t} - 6t - 18$.

23. $\dfrac{\mathrm{d}^2 s}{\mathrm{d}t^2} + \dfrac{\mathrm{d}s}{\mathrm{d}t} - 6s = 6t + \sin t$.

24. $\dfrac{\mathrm{d}y}{\mathrm{d}x} + \dfrac{2y}{x} = 3x^2 y^{\frac{4}{3}}$.

25. $3\dfrac{\mathrm{d}y}{\mathrm{d}x} + \dfrac{2y}{x+1} = \dfrac{x^3}{y^2}$.

26. $(4y+3x)\dfrac{\mathrm{d}y}{\mathrm{d}x} + y = 2x$.

27. $x^2 y\mathrm{d}x - (x^3 + y^3)\mathrm{d}y = 0$.

28. $\dfrac{\mathrm{d}y}{\mathrm{d}x} + y\tan x = 1$.

二、利用所给变换解下列微分方程.

1. $t^2\dfrac{\mathrm{d}s}{\mathrm{d}t} - 2st - s^3 = 0.$　　设 $s = \dfrac{t^2}{v}$.　　答：$\dfrac{t^4}{2s^2} + \dfrac{t^3}{3} = C.$

2. $(t^2 + t)\mathrm{d}s = (t^2 + 2st + s)\mathrm{d}t.$　　设 $s = vt$.　　答：$s = Ct(1+t) - t.$

3. $(3 + 2s)s\mathrm{d}t = (3 - 2st)t\mathrm{d}s.$　　设 $st = v$.

4. $(x + y)^2\dfrac{\mathrm{d}y}{\mathrm{d}x} = 2x + 2y + 5.$　　设 $x + y = v$.

重　积　分

第 3 章

§1　二元积分和

我们已经知道,所谓积分就是
$$S = f(\xi_0)\Delta x_0 + f(\xi_1)\Delta x_1 + \cdots +$$
$$f(\xi_i)\Delta x_i + \cdots + f(\xi_{n-1})\Delta x_{n-1}$$
它是按下面的法则得到的:

第一步,将所给线段$[a,b]$分为 n 个小线段
$$[a = x_0, x_1], [x_1, x_2], \cdots, [x_i, x_{i+1}], \cdots, [x_{n-1}, b = x_n]$$
第二步,从这 n 个小线段中,各任取一点
$$\xi_0, \xi_1, \cdots, \xi_i, \cdots, \xi_{n-1}$$
第三步,做成 n 个乘积 $f(\xi_i)\Delta x_i$,它是每个小线段的长与连续函数 $f(x)$ 在该线段上所选取点处的数值相乘而得的.

第四步,把所得的乘积都加起来.

我们称这种积分和为简单积分和或一元积分和.

按同样的法则也可以做成所谓的二元积分和. 这是我们下面要讲的.

设想在 XOY 平面上某条自己不相交割的封闭曲线 C,平面 XOY 上位于该曲线内及曲线上的全体点,称为封闭区域 D.

封闭一词的意义就是:在所讨论的那一批点中,包括区域边界曲线 C 上的点.若不包括这些点,区域 D 就叫开区域[①].不难看出,封闭区域及开区域这两个概念是与线段(闭区间)及区间(开区间,即没有端点的线段)这两个概念相类似的.

设在封闭区域 D 中,给定了两个自变量 x 及 y 的连续函数 $f(x,y)$.这就是说,对于区域 D 内或其边界(即曲线 C)上的每一点 $M(x,y)$,都对应了连续函数 $f(x,y)$ 的一个完全确定的数值.

定义 二元积分和就是

$$f(M_0) \cdot \sigma_0 + f(M_1) \cdot \sigma_1 + \cdots + f(M_i) \cdot \sigma_i + \cdots + f(M_{n-1}) \cdot \sigma_{n-1}$$

它的做法如下:

第一步,将所给封闭区域 D 分为 n 块小面积 $\sigma_0, \sigma_1, \cdots, \sigma_{n-1}$(图1),其次序是任意的.

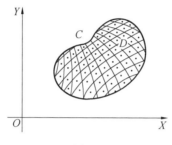

图 1

第二步,在这 n 块小面积内各取一点:$M_0, M_1, \cdots, M_i, \cdots, M_{n-1}$,每次都应取在小块面积内或在其围线上.

第三步,做 n 个乘积

$$f(M_0) \cdot \sigma_0, f(M_1) \cdot \sigma_1, f(M_2) \cdot \sigma_2, \cdots, f(M_i) \cdot \sigma_i, \cdots, f(M_{n-1}) \cdot \sigma_{n-1}$$

这是将小面积的值乘以函数 $f(x,y)$ 在该面积上所取点处的数值而得到的 n 个乘积.为简便起见,我们用 $f(M)$ 表示函数 $f(x,y)$ 在点 $M(x,y)$ 处的数值.

第四步,把所得的乘积都加起来

$$S = f(M_0) \cdot \sigma_0 + f(M_1) \cdot \sigma_1 + \cdots + f(M_i) \cdot \sigma_i + \cdots + f(M_{n-1}) \cdot \sigma_{n-1}$$

显然,就所给的区域 D 及所给的连续函数 $f(x,y)$,可做成无穷多个这种积分和,而不只是一个积分和,因为区域 D 可按各种方法来分为小面积,又可按各种方法来选取小面积中的点.于是读者可以看到:积分和 S 的数值依赖于下面两种情况:

(1)依赖于区域 D 划分为小面积的分法;

---

① 以后的内容中,在不致引起混淆的地方,也就是,在读者很易于看出所讲的是封闭区域还是开区域的地方,我们只说"区域".

(2) 依赖于各小面积中的点的取法.

§2 二元积分和的几何意义

我们已看到,简单(一元)积分和 S 具有极简单的几何意义:它是梯阶形的面积(图 1).这个梯阶形是由许多矩形组成的,其中各矩形的底是线段 $\Delta x_0, \Delta x_1, \cdots, \Delta x_{n-1}$,高是 $f(\xi_0)$, $f(\xi_1), \cdots, f(\xi_{n-1})$,也就是所论函数 $f(x)$ 在所选取的点 $\xi_0, \xi_1, \cdots, \xi_n$ 处的数值.

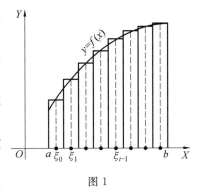

图 1

我们也可以讲出二元积分和 S 的几何意义来.

为此,设想三维空间 $OXYZ$ 中的连续曲面(图 2),其方程为

$$z = f(x, y)$$

其中 $f(x, y)$ 是所给封闭区域 D(以围线 C 为界)上的连续函数.

这个围线 C 是在 XOY 平面上的.假若通过 C 上的点引直线垂直于平面 XOY,且只允许这些直线向上引到与所给曲面相交为止,那样我们就得到一个柱体,它的母线都平行于 OZ 轴,它的下底面是平面区域 D,它的上顶则是一块曲面(由封闭围线 C 所围成).

设想区域 D 分成了 n 个小面积 σ_0, $\sigma_1, \cdots, \sigma_{n-1}$.如果我们在每个小面积的界线上,也同样都作直线垂直于 XOY 平面,而且也只让它们作到与曲面相交为止,那么我们就有 n 个细长的柱体,它们的母线都平行于 OZ 轴.这些柱体的底是平面面积 σ_i,它们的上顶是所给曲面上的小块,而且都在曲面上的封闭围线 C' 之内(图 2).显然,所有这 n 个细长柱体的体积和恰好就等于整个柱体的体积.

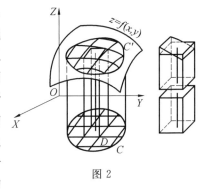

图 2

现在我们从每个小平面区域 $\sigma_0, \sigma_1, \cdots, \sigma_{n-1}$ 中各取一点:$M_0, M_1, \cdots, M_{n-1}$.假若由每一个这种点 M_i 作直线垂直于 XOY 平面,且只让它刚好作到与曲面相交为止,又假若通过这条直线的端点(在该曲面上),作平面平行于水平面

XOY,那么现在就得到上下底都是平行平面的柱体了.该柱体的下底为小面积 σ_i,其上顶的大小与形状完全与面积 σ_i 相同,只不过位置改变了.这个高度等于函数 $f(x)$ 在点 M_i 的数值,即 $f(M_i)$.此外,各柱体的母线自然是平行于 OZ 轴的,也就是说,是垂直的.

为方便起见,我们把这个以平面为上下底的柱体称为"小直柱".显然,这个竖在面积 σ_i 上的小直柱,或者内接于 σ_i 上的曲顶面柱体,或者外接于它,也可能介于这二者之间.这一切完全要看 σ_i 中的点 M_i 是怎样选择的,要看点 M_i 是不是选择使 $f(M_i)$ 为 σ_i 中函数 $f(x,y)$ 的最小数值,还是最大数值,还是中间数值(介于最大与最小数值之间).

这样,在每一个小面积 σ_i 上,都竖起了一个垂直的"小直柱",其上下底是平行(水平)的.由初等几何即知,直柱体的体积等于底面积乘高.随之,所讨论的小直柱的体积刚好等于乘积 $f(M_i)\sigma_i$,因为小直柱的底面积为 σ_i,而高等于 $f(M_i)$.

假若现在我们在每一个小面积 σ_i 上,都竖起了这样的细长直柱,我们就得到由 n 个小直柱所组成的梯阶实体,其体积就作为我们的积分和

$$S = f(M_0)\sigma_0 + f(M_1)\sigma_1 + \cdots + f(M_i)\sigma_i + \cdots + f(M_{n-1})\sigma_{n-1}$$

这样,二元积分和 S 在数值上等于由 n 个小直柱所组成的梯阶实体的体积,这些小直柱的底面积为 σ_i,高为曲面的 Z 坐标 $f(M_i)$.

§3 二重(定)积分

我们知道,单元积分和是

$$S = f(\xi_0)\Delta x_0 + f(\xi_1)\Delta x_1 + \cdots + f(\xi_{n-1})\Delta x_{n-1}$$

在线段 $[a,b]$ 所分成的诸小线段 $\Delta x_0,\Delta x_1,\Delta x_2,\cdots,\Delta x_{n-1}$ 中,当最大的线段趋近于零时,单元积分和趋近于完全确定的极限.这时我们假定,函数在整个线段 $[a,b]$ 上是连续的.此外,我们知道,单元积分和的这个极限称为函数 $f(x)$ 在线段 $[a,b]$ 上的定积分,并记为 $\int_a^b f(x)\mathrm{d}x$.

后来,我们知道,这个定积分,实际上可由莱布尼兹 — 牛顿 (Leibniz-Newton) 公式计算

$$\int_a^b f(x)\mathrm{d}x = F(b) - F(a)$$

其中 $F(x)$ 表示 $f(x)$ 的原函数,即 $F'(x) = f(x)$.

最后,我们又知道,定积分的几何意义是:单重定积分在几何上表示由线段

$[a,b]$ 的端点处的两条纵坐标及已知曲线 $y = f(x)$ 所包围而成的面积 $AabB$(图 1).

现在,我们来讨论二元积分和
$$S = f(M_0)\sigma_0 + f(M_1)\sigma_1 + \cdots + f(M_i)\sigma_i + \cdots + f(M_{n-1})\sigma_{n-1}$$

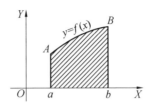

图 1

围线 C 之内的区域 D 被分为小面积 $\sigma_0, \sigma_1, \sigma_2, \cdots, \sigma_{n-1}$(图 2). 假定这些小面积都随时间变化,开始无限减小(指的不仅是面积减小,而且它们的直径①也减小),使得它们的直径中最大的也无限减小. 这意味着 $\sigma_0, \sigma_1, \sigma_2, \cdots, \sigma_{n-1}$ 这些面积变得越来越小. 又因为它们应填满围线 C 内不变的面积,所以它们的数目无限增大. 另外,连续函数 $f(x,y)$ 是有界的,因此对于所有的点 $M(x,y)$,我们有不等式

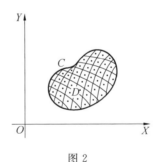

图 2

$$|f(x,y)| < K$$

其中 K 为一常量. 由此可知,二元积分的"一般项"的绝对值小于 $K\sigma_i$,这表示一般项是无限减小的.

因此,当诸小面积 $\sigma_0, \sigma_1, \sigma_2, \cdots, \sigma_{n-1}$ 的直径中的最大直径无限减小时,二元积分和 S 就变成无限个无穷减小项的和.

在这些条件下,二元积分和 S 趋近于一个确定的极限. 不论无穷减小的诸面积 $\sigma_0, \sigma_1, \cdots, \sigma_{n-1}$ 的形状是怎样的,也不论其中的点 $M_0, M_1, \cdots, M_{n-1}$ 是怎样

图 3

① 所谓平面图形的直径乃其最大的弦. 如图 3,直径显然是弦 d. 假若随着时间的推移,图形的变化使得其直径无限减小,则这意味着,该图形向一点收缩. 假若只是图形的面积无限减小,则由此还不能说图形必定缩于一点. 因为,图形可变得很长,只要其宽度无限减小.

取出的,极限恒相同.

我们不可能在本书的范围内引入这个重要命题的证明. 我们只能预告读者,对于可直化曲线(即具有有限长度的曲线)所围成的区域,这个定理是正确的,其证明可以在较深一些的有关数学分析的书中找到. 在 §5 及 §6 中,我们将讲述该极限的实际计算法,这足够作为断定其存在的有力的根据.

二元积分和 S 的极限称为二重定积分,其记法与单元积分的记法相类似,即

$$\iint\limits_D f(x,y)\,\mathrm{d}x\,\mathrm{d}y$$

这个记号读作,"区域 D 上的二重积分,$f(x,y)\,\mathrm{d}x\,\mathrm{d}y$".

二重积分号"$\iint$"下的字母 D 指出了积分法(也就是求和并取其极限法)是在整个区域 D 上做的.

注 二重定积分也具有像积分 $\int_a^b f(x)\,\mathrm{d}x$ 那样的记号,它总使我们一看就能想起,它所代表的是什么表达式的极限. 二元积分和

$$f(M_0)\sigma_0 + f(M_1)\sigma_1 + \cdots + f(M_{i-1})\sigma_{i-1} + \cdots + f(M_{n-1})\sigma_{n-1}$$

可以这样组成,先假定诸面积 $\sigma_0,\sigma_1,\cdots,\sigma_n$ 是矩形,是由平行于 OX 及 OY 轴的诸直线划分区域 D 而得到的(图 4).

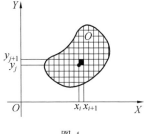

图 4

我们总可以这样假定,因为积分和的极限并不依赖于面积 $\sigma_0,\sigma_1,\cdots,\sigma_{n-1}$ 的形状,所以只要它们是无限减小(就直径而言)就行了. 但假若我们给面积 $\sigma_0,\sigma_1,\cdots,\sigma_{n-1}$ 以上述矩形的形状,则积分和的"一般项"可写为

$$f(x_i,y_j)\Delta x_i \Delta y_j$$

因为"一般的小块面积"现在是由一些点 $M(x,y)$ 所组成的,这些点的横坐标 x 满足不等式 $x_i \leqslant x \leqslant x_{i+1}$,其纵坐标满足不等式 $y_j \leqslant y \leqslant y_{j+1}$. 所以,它的面积应为乘积 $\Delta x_i \Delta y_j$.

在这"一般的小块面积"上取坐标为 x_i,y_j 的点 M_{ij},即取该小块面积左下角处的点,我们就得到积分和的一般项的形式为 $f(x_i,y_j)\Delta x_i \Delta y_j$,故积分和可写为

$$\sum_{i,j}\int_j f(x_i,y_j)\Delta x_i \Delta y_j$$

其中第一个求和法是关于指标 j 的,这就给出了围线 C 内的垂直的小条,而第

二个求和法是关于指标 i 的,这就把小条从左移到右,因此把围线 C 的整个内部画了一遍.

假若现在用 Δx 表示横坐标的一般增量 Δx_i,而把纵坐标的一般增量 Δy_j 直接写为 Δy,则积分和可写为下面的形式

$$\sum f(x,y)\Delta x\Delta y$$

因此,积分和的极限(即二重积分),自然就要写得好像在极限符号里还保留了积分和的某些痕迹似的.由此得到二重积分的记号

$$\iint\limits_{D} f(x,y)\mathrm{d}x\mathrm{d}y$$

§4 二重积分的几何意义

由于前面讲过了二元积分和的几何意义,二重(定)积分的几何意义就非常简单了.我们已经看到,二元积分和表示了梯阶体的体积,它是由直立的小直柱所组成的,这些小直柱的底面积是 σ_{i-1},高是曲面的 Z 坐标 $f(M_{i-1})$.

我们用 V 表示一直柱体的体积(图1).该柱体的母线平行于 OZ 轴,下底为 XOY 平面上的区域 D,上顶为曲面形,就是曲面 $z=f(x,y)$ 上覆盖所论柱体上方的那一块.假若将区域 D 作任意的一种划分,把它分为小面积 $\sigma_0,\sigma_1,\cdots,\sigma_{n-1}$,并从这些小面积中各取一点 $M_0,M_1,\cdots,M_{n-1}$,使得所对应的 Z 坐标 $f(M_i)$ 恒为这块小面积上函数 $f(x,y)$ 的最小值,则以 σ_i 为底,$f(M_i)$ 为高的小直柱内接于以 σ_i 为下底,以曲面 $z=f(x,y)$ 中的一片为上顶的直柱体.所以

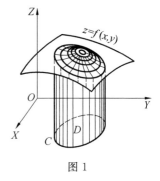

图1

只要小直柱是它所内接的那个柱体的一部分,则小直柱的体积将小于该柱体的体积.因为小直柱的体积为 $f(M_i)\sigma_i$,所以 n 个小直柱的体积和显然等于积分和

$$S = f(M_0)\sigma_0 + f(M_1)\sigma_1 + \cdots + f(M_{n-1})\sigma_{n-1}$$

它是小于所有 n 个柱体之和的,而后者显然等于整个大柱体的体积 V.因此,当 $M_0,M_1,M_2,\cdots,M_{n-1}$ 取得使 Z 坐标为最小值,我们求得 $S<V$,所以积分和 S 的极限不可能大于 V,随之

$$\iint\limits_{D} f(x,y)\mathrm{d}x\mathrm{d}y \leqslant V$$

假若现在我们按另一种方法选择点 $M_0,M_1,\cdots,M_{n-1}$,使得 Z 坐标 $f(M_i)$

为面积 σ_i 上的最大值,则显然,所讨论的小直柱[以 σ_i 为底, $f(M_i)$ 为高]是外接于对应柱体的. 所以,由这些小直柱所组成的梯阶体,包含了整个大柱体. 因为梯阶体的体积是积分和,所以当我们这样选择点 $M_0,M_1,\cdots,M_{n-1}$ 时,得到 $S>V$,故

$$\iint\limits_{D}f(x,y)\mathrm{d}x\mathrm{d}y\geqslant V$$

把前面两个不等式归并起来,就得

$$\iint\limits_{D}f(x,y)\mathrm{d}x\mathrm{d}y=V$$

随之,函数 $f(x,y)$ 在区域 D 上的二重积分,数值上是等于一个直立柱体的体积的,该柱体的下底即为区域 D,而其上顶为曲面 $z=f(x,y)$.

我们注意,假若曲面 $z=f(x,y)$ 在 XOY 平面的下面,则二重积分及体积都是负的,因为在这种情形函数 $f(x,y)$ 是负的.

§5   二重积分的计算法 —— 矩形区域的情形

矩形区域的情形极其简单,自然我们要从它开始,来计算二重积分.

取矩形 $PQTR$(图 1). 所有矩形内的点的横坐标 x 都介于 a,b 之间,又其纵坐标 y 介于 c,d 之间,即 $a\leqslant x\leqslant b,c\leqslant y\leqslant d$.

设函数 $f(x,y)$ 在该矩形内(包括围线)是连续的.

为计算二重积分

$$\iint\limits_{PQTR}f(x,y)\mathrm{d}x\mathrm{d}y$$

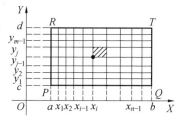

图 1

自然要用平行于坐标轴的诸直线,把矩形 $PQTR$ 分为许多小矩形. 利用分点 $a<x_1<x_2<\cdots<x_{n-1}<b$,我们把 OX 轴上的线段 $[a,b]$ 分为 n 个小线段,通过这些分点,各引直线平行于 OY 轴. 同样,利用分点 $c<y_1<y_2<\cdots<y_{m-1}<d$,我们将 OY 轴上的线段分为 m 个小线段,通过这些分点,各引直线平行于 OX 轴.

显然,这样就把矩形 $PQTR$ 分为 $n\times m$ 个小矩形了,然后对这些矩形做积分和. 为方便起见,我们取点 M 为每一个小矩形的左下角. 这样,在图 1 中有阴影的矩形 $[x_i\leqslant x\leqslant x_{i+1},y_j\leqslant y\leqslant y_{j+1}]$ 内,我们取点 (x_i,y_j).

我们将把这个矩形作为"一般的"矩形,其面积显然等于 $\Delta x_i\Delta y_j$.

因此积分和的"一般"项为

$$f(x_i, y_j)\Delta x_i \Delta y_j$$

随之,整个积分和为

$$\sum_{i=0}^{n-1}\sum_{j=0}^{m-1}f(x_i, y_j)\Delta x_i \Delta y_j$$

下面两个求和法是同时进行的.但所讨论的积分和是一个有限和,而在有限和中,求和的次序是可以随意变化的.所以为计算这个积分和方便起见,我们可试用下列两种方法来做.

方法一

先按变量 y 求和,然后再按变量 x 求和.

因为 y 的指标为 j,而 x 的指标为 i,所以开始应按指标 j 求和,然后再按 i 求和.所以,我们有

$$\sum_{i=0}^{n-1}\Big[\Delta x_i \sum_{j=0}^{m-1}f(x_i, y_j)\Delta y_j\Big]$$

这时,我们注意,按指标 j 求和时,可以把因子 Δx_i 提到求和的符号外,因为在这个部分和的一切项中,Δx_i 都是一样的.

为方便起见,我们换另外的方式来写这个二元积分和.将 x,y 的指标去掉,假定这些变量不是连续变化而是跳跃着变化的,这时,x 跑过一系列的数值 $a,x_1,x_2,\cdots,x_{n-1}$,y 跑过 $c,y_1,y_2,\cdots,y_{m-1}$.这样,我们的二元积分和可写为

$$\sum_{x=a}^{b}\Big[\Delta x \sum_{y=c}^{d}f(x,y)\Delta y\Big]$$

二元积分和中诸项的这种排列次序,从几何上看来,表示:一开始,是沿着垂直条来搜集各项的,因为在第一个(里面的)和中,x 是假定为常数的(图 2).然后当所有垂直条上的各项搜集起来之后,我们就求第二个(外面的)和,这时把所有垂直线上的和再加起来,现在就必须变化 x 了.

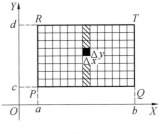

图 2

现在我们令所有小矩形($PQTR$ 所分成的小矩形)的直径同时无限变小.我们知道,二元积分和将趋近于一个完全确定的极限,这个极限就是在矩形 $PQTR$ 上的二重积分

$$\iint\limits_{PQTR}f(x,y)\mathrm{d}x\mathrm{d}y$$

因为各矩形无限减小时可以随着我们的想法来减小,所以我们可以首先令

这些矩形的高 Δy 无限减小,而保持其底边 Δx 不变①. 但由于第一个和显然是单元积分和,因此当各矩形的高 Δy 趋于零时,这个和的极限是单积分

$$\int_c^d f(x,y)\mathrm{d}y$$

这个积分是在上下限 d,c 之间对字母 y 积分的,同时先假定了字母 x 是常量.

所以,令所有 Δy 趋近于零,我们就得到

$$\sum_{x=a}^b \Delta x \cdot \int_c^d f(x,y)\mathrm{d}y$$

再令 Δx 趋近于零,我们求得最后结果

$$\iint\limits_{PQTR} f(x,y)\mathrm{d}x\mathrm{d}y = \int_a^b \mathrm{d}x \int_c^d f(x,y)\mathrm{d}y$$

这样,矩形上二重积分的求法如下:

法则　第一步,设变量 x 为常量,将函数 $f(x,y)$ 在定出 y 变化范围的上下限 d,c 之间对变量 y 积分.

第二步,将第一步所得结果,在定出 x 变化范围的上下限 b,a 之间对 x 积分.

图 3 可帮助读者记忆,首先是沿垂直各条(即 x 为常量)积分,然后再由 a 到 b 对 x 积分.

方法二

首先按变量 x 求和,然后再按变量 y 求和.

前面关于方法一所讲过的内容,都可用到方法二上来,因为变量 x 及 y 的性质是完全一样的,只不过在这里一切都反过来了,这是由于这里 x 及 y 的作用对调了.

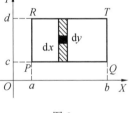

图 3

首先把二元积分和中各项的次序变换一下:先按指标 i 求和,再按指标 j 求和. 这样使我们可把二元积分和写为

$$\sum_{j=0}^{m-1} \left[\Delta y_j \cdot \sum_{i=0}^{n-1} f(x_i,y_j)\Delta x_i \right]$$

这里按指标 j 求部分和时,Δy_j 是作为常量的,所以可把它提到这个部分和的符号外.

我们将所得公式写为

---

① 这个理论从表面上看起来很贸然,但是甚至从形式上讲它也是无可怀疑的,因为我们一开始就假定了二元积分和的极限存在.

$$\sum_{y=c}^{d}\left[\Delta y\sum_{x=a}^{b}f(x,y)\Delta x\right]$$

并假定前面所默认的依然有效,即变量 x 及 y 不是通过所有可能的数值,而只是分别取得 $a_1,x_1,x_2,\cdots,x_{n-1}$ 及 $c,y_1,y_2,\cdots,y_{m-1}$ 这些数值的.

二元积分和中,诸项的这种排列次序,在几何上表示:首先沿着横条搜集各项,因为在求第一个和时, y 假定为常量(图 4);然后,把所有横条上的项都搜集起来,求第二个外面的和,把所有水平和都加起来,所以现在必须变化 y.

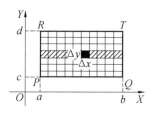

图 4

为完全算出二重积分

$$\iint_{PQTR}f(x,y)\mathrm{d}x\mathrm{d}y$$

我们应使二元积分和中各矩形的边长 Δx 及 Δy 同时无限减小.首先令边长 Δx 无限减小,可得下式作为计算二元积分和的极限时中间阶段的数量

$$\sum_{y=c}^{d}\Delta y\int_{a}^{b}f(x,y)\mathrm{d}x$$

再令 Δy 趋近于零,我们求得最后结果

$$\iint_{PQTR}f(x,y)\mathrm{d}x\mathrm{d}y=\int_{c}^{d}\mathrm{d}y\int_{a}^{b}f(x,y)\mathrm{d}x$$

法则 第一步,设变量 y 为常量,将函数 $f(x,y)$ 在定出 x 变化范围的上下限 b,a 之间对变量 x 积分.

第二步,将第一步所得结果,在定出 y 变化范围的上下限 d 及 c 之间,对变量 y 积分.

图 5 可帮助读者记忆,首先沿水平横条(y 为常量)积分,然后再由 c 到 d 对 y 积分.

例 1 计算矩形 $PQTR$ 上的积分

$$\iint_{PQTR}xy\mathrm{d}x\mathrm{d}y$$

矩形的四个顶点分别是$(2,1),(10,1),(10,7),(2,7)$(图 6).

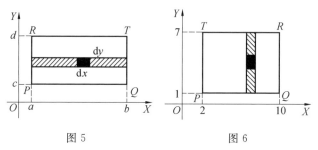

图 5　　　　　图 6

解法一

第一步,设字母 x 为常量,将函数 xy 在定出 y 变化范围的上下限 7 及 1 之间对变量 y 积分,得

$$x\int_1^7 y^{-\frac{1}{2}}\mathrm{d}y = x\left[\frac{y^2}{2}\right]_1^7 = \left(\frac{49}{2}-\frac{1}{2}\right)x = 24x$$

第二步,将第一步的结果在定出 x 变化范围的上下限 10 及 2 之间对变量 x 积分,得

$$24\int_2^{10} x\,\mathrm{d}x = 24\left[\frac{x^2}{2}\right]_2^{10} = 24\times 48 = 1\,152$$

计算应简写如下

$$\iint\limits_{PQTR} xy\,\mathrm{d}x\,\mathrm{d}y = \int_2^{10}\int_1^7 xy\,\mathrm{d}x\,\mathrm{d}y = \int_2^{10}\mathrm{d}x\int_1^7 xy\,\mathrm{d}y = \int_2^{10} x\left[\frac{y^2}{2}\right]_1^7\mathrm{d}x = \int_2^{10} 24x\,\mathrm{d}x = 1\,152$$

解法二

改变积分次序,先对 x 积分,再对 y 积分,得

$$\iint\limits_{PQTR} xy\,\mathrm{d}x\,\mathrm{d}y = \int_1^7\int_2^{10} xy\,\mathrm{d}y\,\mathrm{d}x = \int_1^7\mathrm{d}y\int_2^{10} xy\,\mathrm{d}x = \int_1^7 y\left[\frac{x^2}{2}\right]_2^{10}\mathrm{d}y = 48\left[\frac{y^2}{2}\right]_1^7 =$$
$$48\times 24 = 1\,152$$

例 2   试求正平行六面体的体积[①](图 7),其底为例 1 中的矩形,高为 5.

解   设 $f(x,y)=5$. 由几何意义(§4),二重积分 $\iint\limits_{PQTR} 5\mathrm{d}x\,\mathrm{d}y$ 给出了所求的平行六面体的体积

$$\iint\limits_{PQRT} 5\mathrm{d}x\,\mathrm{d}y = \int_2^{10}\int_1^7 5\mathrm{d}x\,\mathrm{d}y = 5\int_2^{10}\int_1^7 \mathrm{d}x\,\mathrm{d}y = 5\int_2^{10}\mathrm{d}x\int_1^7\mathrm{d}y =$$
$$5\int_2^{10}\left[y\right]_1^7\mathrm{d}x = 5\int_2^{10} 6\mathrm{d}x = 5\times 6\times 8 = 240$$

例 3   一个正六面体上面被抛物面 $z=4-x^2-y^2$ 所割断,底面在 XOY 平面上,是由直线 $x=\pm 1, y=\pm 1$ 所围成的(图 8). 试求其体积.

解   这里 $f(x,y)=z=4-x^2-y^2$,我们有

$$V = \int_{-1}^1\int_{-1}^1 (4-x^2-y^2)\mathrm{d}y\,\mathrm{d}x = \int_{-1}^1\mathrm{d}y\int_{-1}^1 (4-x^2-y^2)\mathrm{d}x =$$
$$\int_{-1}^1\left[4x-\frac{x^3}{3}-y^2 x\right]_{-1}^1\mathrm{d}y = \int_{-1}^1\left(8-\frac{2}{3}-2y^2\right)\mathrm{d}y = 13\frac{1}{3}$$

---

① 平行六面体的体积当然并不用积分来算,这里不过是作为所讨论的问题的一个例子.

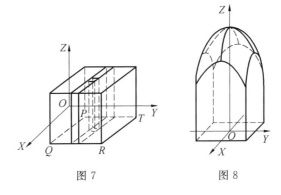

图 7   图 8

§6 二重积分的计算法 —— 由曲线围成的区域的一般情形

　　首先我们假定,由曲线 C 所围成的区域 D 是这样的:每一条平行于 OY 轴的直线与该曲线的交点不多于两个(图 1).这种情形我们要依照前面的情形来讨论[①].

　　设点 P 的横坐标为 x,M_1 及 M_2 为过点 P 平行于 OY 轴的直线与围线 C 的两个交点,则 PM_1 及 PM_2 两条线段之长依赖于 x.随之,PM_1 及 PM_2 两条线段之长,为自变量 x 的两个函数.

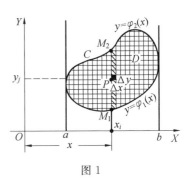

图 1

　　引入记号:$PM_1 = \varphi_1(x)$ 及 $PM_2 = \varphi_2(x)$,并假设围线 C 是使得函数 $\varphi_1(x)$ 及 $\varphi_2(x)$ 为连续函数的这种围线.

　　设 $f(x,y)$ 为封闭区域 D(就是包括围线在内的区域)上的连续函数.

　　为求二元积分和,我们引诸直线平行于 OX 及 OY 轴,将区域 D 分为许多极小矩形.这时,所形成的矩形共有两种:一种是完整的矩形,另一种是被围线 C 所切割的矩形.第一种位于围线之内,第二种与围线相交.第二种矩形总是被我们忽略掉.因为二元积分和中由它们所引起的那部分量,将随着所有矩形直径的无限减小而减小.实际上,若用 $\omega_1,\omega_2,\cdots,\omega_p$ 表示这些被围线 C 所切割的

---

　　① 这种情形的严格讨论,请参阅较详细一些的数学解析教程.

矩形的面积,并在其中各取一点 $M', M'', \cdots, M^{(p)}$,我们看到:这些不完整的矩形,将把 $f(M') \cdot \omega_1, f(M'') \cdot \omega_2, \cdots, f(M^{(p)}) \cdot \omega_p$ 诸项代入二元积分和中.

但函数 $f(x, y)$ 是连续的,所以是有界的.这表示我们恒有不等式

$$| f(x, y) | < K$$

其中 K 是一个正的常数.

因此,积分和中由那些不完整矩形所形成的各项之和,其绝对值将小于

$$K \cdot \omega_1 + K \cdot \omega_2 + \cdots + K \cdot \omega_p$$

或

$$K(\omega_1 + \omega_2 + \cdots + \omega_p)$$

但是,$\omega_1 + \omega_2 + \cdots + \omega_p$ 是所有这些被围线 C 所切割的矩形面积之和.而被围线 C 所切割的那些矩形面积的和 $\omega_1 + \omega_2 + \cdots + \omega_p$ 是随着这些矩形直径的无限减小而趋近于零的,这个事实,读者应该看作是很明显的.这样,我们就有 $\lim K(\omega_1 + \omega_2 + \cdots + \omega_p) = 0$,这证明了那些不完整矩形总是可以忽略掉的.

至于完整矩形,我们把它们全部取来,并从每个完整矩形中取其左下角的点 M,来求二元积分和.因此,假若 $(x_i \leqslant x \leqslant x_{i+1}, y_j \leqslant y \leqslant y_{j+1})$ 为"一般的矩形",则它在二元积分和中代进去一项

$$f(x_i, y_j) \cdot \Delta x_i \cdot \Delta y_j$$

所以整个二元积分和(除去从不完整矩形产生的那些项)可写为

$$\sum_{i, j} f(x_i, y_j) \cdot \Delta x_i \cdot \Delta y_j$$

其中指标 i 及 j 应取得使对应的整个矩形 $(x_i \leqslant x \leqslant x_{i+1}, y_j \leqslant y \leqslant y_{j+1})$ 一定位于围线 C 之内,并使它不是被切割的,也不超出围线 C 之外.

将这个二元积分和缩写为

$$\sum_{x, y} f(x, y) \Delta x \Delta y$$

其中 x 及 y 并不能取到所有可能的数值,而只取得一定的数值 x_i 及 y_j.这些数值是用来织成那些填满围线 C 内部的矩形网的,同时尚需受一个限制,即所织成的那些对应矩形应整个位于围线 C 的内部.写出这个和式之后,我们再重新安排各项.

这就是说,一开始我们把组成垂直条的那些矩形的项搜集在一起,故在搜集垂直条的各项时,一定要把变量 x 当作常量.因此,这些项的因子 Δx 是一样的,随之,可以提到按垂直条求的部分和的符号外面来.然后,把所有这些垂直条中的项搜集在一起之后,我们应把所有这些按垂直条所求的和统统加起来,这时就应当变化变量 x 了.

假若我们依照上面所讲的做了之后,二元积分和就取得形式

$$\sum_{s} \left[\Delta x \cdot \int_y f(x, y) \Delta y \right]$$

为计算二重积分 $\iint_D f(x,y)\mathrm{d}x\mathrm{d}y$,我们应令二元积分和中各矩形的边长 Δx 及 Δy 同时趋近于零. 我们先令边长 Δy 无限减小,像在矩形区域上积分时所讲的一样. 我们将得下面的式子,作为计算二元积分和极限时的中间阶段的数量:$\sum_x \Delta x \cdot \int_{\varphi_1(x)}^{\varphi_2(x)} f(x)\mathrm{d}y$,这是因为当 x 为常量时,在所论垂直条的诸矩形中所取的点 $M(x,y)$ 只在线段 M_1M_2 上,并把线段分成了无限减小的许多份. 因此,当 x 为常量时,积分变量 y 只取遍线段 M_1M_2,所以对 y 积分时,我们有:$\varphi_1(x) \leqslant y \leqslant \varphi_2(x)$,其中的 x 在这时只作为常量.

最后,令 Δx 趋近于零,我们得最后结果

$$\iint_D f(x,y)\mathrm{d}x\mathrm{d}y = \int_a^b \mathrm{d}x \int_{\varphi_1(x)}^{\varphi_2(x)} f(x,y)\mathrm{d}y$$

其中 a 及 b 为横坐标 x 的两个界值. 一般说来,这两个界值只是区域 D 中诸矩形顶点的横坐标才可能有. 所以 a 及 b 这两个数是使 $x=a$ 及 $x=b$ 的两条垂线,各由左方及右方切于围线 C,而把围线夹在其间的.

这样,要计算由围线 C 所围区域 D 上的二重积分时,若围线 C 不与自身相交,又每一条平行于 OY 轴的直线与该围线的交点不超过两个(图 2),则我们有下述法则:

法则 第一步,求围线 C 的上下两条曲线的方程:$y=\varphi_1(x)$ 及 $y=\varphi_2(x)$.

第二步,设 x 为常量,在上下限 $\varphi_2(x)$ 及 $\varphi_1(x)$ 之间,将函数 $f(x,y)$ 对 y 积分.

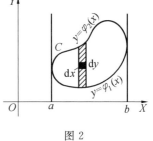

图 2

第三步,将第二步所得结果,在两个常数 a 及 b 之间对 x 积分,a 及 b 是这样求得的,即它们使直线 $x=a$ 及 $x=b$ 各从左边及右边与包含在它们之间的围线 C 相切.

因为变量 x 及 y 的作用是一样的,所以读者不用任何新的论证,就可看到下列求区域 D 上二重积分的法则是正确的,只要每一条平行于 OX 轴的直线与包围区域 D 的围线 C 的交点不多于两个就可以(图 3).

第一步,求围线 C 的左右两条曲线的方程:$x=\Phi_1(y)$ 及 $x=\Phi_2(y)$(图 3).

第二步,设 y 为常量,在上下限 $\Phi_2(y)$ 及 $\Phi_1(y)$ 之间,将函数 $f(x,y)$ 对 x 积分.

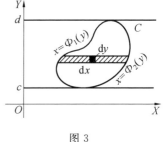

图 3

积分学理论

第三步,将第二步所得结果,在两常数 c 及 d 之间对 y 积分,c 及 d 是这样求得的,即它们使直线 $y=c$ 及 $y=d$ 各从下面及上面与包含在它们之间的围线 C 相切.

假若围线 C 与垂直及水平直线的交点不多于两个,则可立即应用上述两个法则,并应选择较为方便的法则来做.

假若围线 C 与平行于坐标轴的直线的交点多于两个,则我们可将围线 C 所包含的面积分为几部分,使得对于每一部分都可分别应用前述法则.

例如,对于图 4 所表示的区域 D,只要沿虚线分割区域 D,使前述法则可分别应用于三个区域 D_1,D_2 及 D_3. 显然,在 D 上的二重积分等于在 D_1,D_2 及 D_3 上的三个二重积分之和.

例 试对函数 $f(x,y)=x+2y$ 积分,假若我们只在曲线 $y^2=4+x$ 及 $x=5$ 所围的区域上来考虑这个积分值(图 5).

解 所求积分为

$$I=\int_c^d\int_{\Phi_1(y)}^{\Phi_2(y)}(x+2y)\mathrm{d}y\mathrm{d}x$$

这时,我们先对 x 积分.

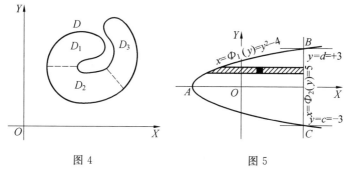

图 4　　　　　　图 5

第一步,求包围所论区域围线左右两部分的方程:$x=\Phi_1(y)$ 及 $x=\Phi_2(y)$. 左边的围线为抛物线,由其方程求得:$x=y^2-4$. 右边的围线为直线 $x=5$. 随之,$x=\Phi_1(y)=y^2-4$ 及 $x=\Phi_2(y)=5$.

第二步,假定 y 为常量,在上下限 $x=5$ 及 $x=y^2-4$ 之间,将函数 $x+2y$ 对 x 积分

$$\int_{y^2-4}^{5}(x+2y)\mathrm{d}x=\left[\frac{x^2}{2}+2yx\right]_{y^2-4}^{5}=\frac{9}{2}+18y+4y^2-2y^3-\frac{y^4}{2}$$

第三步,现在应将所得结果在两常数 c 及 d 之间对 y 积分. 这两个常数的决定,应使围线 C 被夹在直线 $y=c$ 及 $y=d$ 之间,并切于它们. 显然,在这种情形下,这种直线是平行于 OX 轴且通过直线 $x=5$ 与抛物线的交点的. 为求交点 B 及 C,应解抛物线与直线的联立方程,求得:$B(5,3),C(5,-3)$. 于是所求直线

为 $y=-3,y=3$. 因此，所求下上限为 $c=-3,d=3$. 故

$$I=\int_{-3}^{3}\left(\frac{9}{2}+18y+4y^{2}-2y^{3}-\frac{y^{4}}{2}\right)\mathrm{d}y=50\,\frac{2}{5}$$

当读者已习惯于做这种问题的解答时，可立即求出内外两积分的上下限，把积分计算写得简短些. 这样，就有

$$I=\int_{-3}^{3}\int_{y^{2}-4}^{5}(x+2y)\mathrm{d}y\mathrm{d}x=\int_{-3}^{3}\left[\frac{x^{2}}{2}+2yx\right]_{y^{2}-4}^{5}\mathrm{d}y=$$

$$\int_{-3}^{3}\left(\frac{9}{2}+18y+4y^{2}-2y^{3}-\frac{y^{4}}{2}\right)\mathrm{d}y=50\,\frac{2}{5}$$

现在我们变换积分次序，再来解这个例题

$$I=\int_{a}^{b}\int_{\varphi_{1}(x)}^{\varphi_{2}(x)}(x+2y)\mathrm{d}x\mathrm{d}y$$

第一步，求包围所论区域围线的上下两部分曲线方程 $y=\varphi_{2}(x)$ 及 $y=\varphi_{1}(x)$（图 6）. 下曲线即抛物线 $y^{2}=4+x$ 的下支，上曲线即其上支. 故得

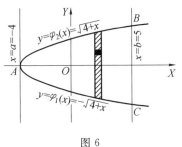

图 6

$$y=\varphi_{1}(x)=-\sqrt{4+x}$$
$$y=\varphi_{2}(x)=\sqrt{4+x}$$

第二步，设 x 为常量，将 $x+2y$ 在第一步所求得的上下限之间对 y 积分

$$\int_{-\sqrt{4+x}}^{\sqrt{4+x}}(x+2y)\mathrm{d}y=2x\sqrt{x+4}$$

第三步，现在应将所得结果在两个常数 a 及 b 之间对 x 积分. 这两个常数的决定，应使围线 C 介于直线 $x=a$ 及 $x=b$ 之间，且切于它们. 显然，在现在这种情形，这种直线左边的是过抛物线顶点且平行于 OY 轴的直线，右边的是直线 $x=5$. 左边的直线方程是 $x=-4$，因为点 A 的坐标为 $(-4,0)$. 这样 $a=-4$，$b=5$. 因此，就有

$$I=\int_{-4}^{5}2x\sqrt{4+x}\mathrm{d}x=50\,\frac{2}{5}$$

我们注意，用第二种方法计算积分时，我们会遇到比较难一些的积分. 因此，在选择积分次序时，应留意第一次积分后所得函数是不是复杂的. 在 §9 的例子中，我们将指出，在选择积分次序时，也应当考虑包围积分区域的围线的性质.

§7 极坐标二重积分

我们知道,在计算二重积分 $\iint\limits_{D} f(x,y)\mathrm{d}x\mathrm{d}y$ 时,不一定要利用那些四边都平行于 OX 及 OY 轴的无限减小的矩形. 这里可有无穷多种做法. 我们知道,下面的等式总成立

$$\iint\limits_{D} f(x,y)\mathrm{d}x\mathrm{d}y = \lim\left[f(M_0)\sigma_0 + f(M_1)\sigma_1 + \cdots + f(M_{n-1})\sigma_{n-1}\right]$$

其中区域 D 所分成的无限减小的面积 $\sigma_0, \sigma_1, \cdots, \sigma_{n-1}$ 可以是任意的形状. 重要的是点 $M_0, M_1, \cdots, M_{n-1}$ 应取在其对应的各小块面积 $\sigma_0, \sigma_1, \sigma_2, \cdots, \sigma_{n-1}$ 上.

用极坐标来计算二重积分,有时是很方便的.

在这种情形,面积 $\sigma_0, \sigma_1, \cdots, \sigma_{n-1}$ 由两族曲线所作成:一族是通过极点 O 的直线,一族是以极点 O 为心的同心圆(图 1).

在这些条件下,如果把"一般小块"当作以 $\rho\mathrm{d}\theta$ 与 $\mathrm{d}\rho$ 为边长的矩形,那么,一般小块的面积显然近似等于 $\rho\mathrm{d}\rho\mathrm{d}\theta$.

故二重积分可写为

$$\iint\limits_{D} F(\rho,\theta)\rho\mathrm{d}\rho\mathrm{d}\theta$$

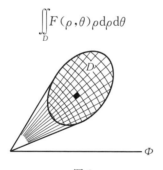

图 1

看一看图 2 及图 3,读者就可以知道,实际上应怎样来计算极坐标的二重积分:

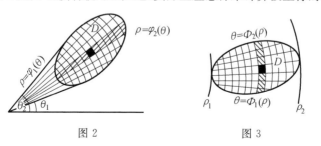

图 2   图 3

（Ⅰ）$\iint\limits_{D} f(x,y)\mathrm{d}x\mathrm{d}y = \int_{\theta_1}^{\theta_2} \mathrm{d}\theta \int_{\varphi_1(\theta)}^{\varphi_2(\theta)} f(\rho\cos\theta,\rho\sin\theta)\rho\mathrm{d}\rho$（图 2）.

（Ⅱ）$\iint\limits_{D} f(x,y)\mathrm{d}x\mathrm{d}y = \int_{\rho_1}^{\rho_2} \rho\mathrm{d}\rho \int_{\Phi_1(\rho)}^{\Phi_2(\rho)} f(\rho\cos\theta,\rho\sin\theta)\mathrm{d}\theta$（图 3）.

例　计算函数 $f(\rho,\theta)=\rho^2$ 在被圆 $\rho=2a\cos\theta$ 所包围的区域上的积分（图 4）.

解　我们应计算积分

$$I = \int_{\theta_1}^{\theta_2} \int_{\varphi_1(\theta)}^{\varphi_2(\theta)} \rho^2 \cdot \rho\mathrm{d}\theta\mathrm{d}\rho$$

其中 $\rho=\varphi_1(\theta)=0$（这由图 4 可立即看出来），而 $\rho=\varphi_2(\theta)=2a\cos\theta$（由围线方程得到）. 至于 θ_1 及 θ_2 的数值，不难看到：$\theta_1=-\dfrac{\pi}{2}$，$\theta_2=\dfrac{\pi}{2}$，因为当 θ 角由 $-\dfrac{\pi}{2}$ 变到 $\dfrac{\pi}{2}$ 时，就会扫出分成许多扇形的整个积分区域. 因此有

$$I = \int_{-\frac{\pi}{2}}^{\frac{\pi}{2}} \int_{0}^{2a\cos\theta} \rho^3 \mathrm{d}\theta\mathrm{d}\rho = \int_{-\frac{\pi}{2}}^{\frac{\pi}{2}} \left[\frac{\rho^4}{4}\right]_0^{2a\cos\theta} \mathrm{d}\theta = \int_{-\frac{\pi}{2}}^{\frac{\pi}{2}} 4a^4\cos^4\theta\mathrm{d}\theta = \frac{2}{3}\pi a^4$$

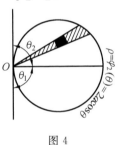

图 4

习　　题

证明下列积分的结果[①].

1. $\displaystyle\int_0^a \int_0^b xy(x-y)\mathrm{d}y\mathrm{d}x = \frac{a^2 b^2}{6}(b-a)$.

2. $\displaystyle\int_0^{\frac{\pi}{2}} \int_{a\cos a}^{a} \rho^4 \mathrm{d}\theta\mathrm{d}\rho = \left(\pi - \frac{16}{15}\right)\frac{a^5}{10}$.

3. $\displaystyle\int_0^a \int_{y-a}^{2y} xy\mathrm{d}y\mathrm{d}x = \frac{11a^4}{24}$.

---

① 第一个积分的积分号及其积分变量的微分，都是写在第二个积分的积分号及其积分变量的微分之后的.

4. $\int_{\frac{b}{2}}^{b} \int_{0}^{\frac{\pi}{2}} \rho \mathrm{d}\rho \mathrm{d}\theta = \frac{3}{16}\pi b^2$.

5. $\int_{0}^{1} \int_{0}^{v^2} \mathrm{e}^{\frac{w}{v}} \mathrm{d}v \mathrm{d}w = \frac{1}{2}$.

6. $\int_{0}^{a} \int_{\frac{x^2}{a}}^{x} \frac{x \mathrm{d}x \mathrm{d}y}{x^2 + y^2} = \frac{a}{2}\ln 2$.

7. $\int_{0}^{\pi} \int_{0}^{a(1+\cos\theta)} \rho^2 \sin\theta \mathrm{d}\theta \mathrm{d}\rho = \frac{2a^3}{3}$.

8. $\int_{0}^{b} \int_{t}^{10t} \sqrt{st - t^2} \mathrm{d}t \mathrm{d}s = 6b^3$.

9. $\int_{0}^{2a} \int_{\theta}^{\frac{v^2}{a}} (w + 2v) \mathrm{d}v \mathrm{d}w = 11\frac{1}{5}a^3$.

10. $\int_{-\frac{\pi}{2}}^{\frac{\pi}{2}} \int_{0}^{3\cos\theta} \rho^2 \sin^2\theta \mathrm{d}\theta \mathrm{d}\rho = 2\frac{2}{5}$.

11. 求函数 $f(\rho,\theta) = \sin\theta$ 在圆周 $\rho = a\cos\theta$ 上半部所围区域的积分.

答：$\frac{a^2}{6}$.

12. 求函数 $f(x,y) = \dfrac{1}{\sqrt{ax - x^2}}$ 在 OY 轴及抛物线 $y^2 = a^2 - ax$ 所围区域的积分. 答：$4a$.

13. 求函数 $f(x,y) = x^2 + y^2$ 在 OX 轴及两直线 $y = x$，$x = 2a$ 所围区域的积分. 答：$\frac{16}{3}a^4$.

§8　柱体的体积

在 §4 中已经指出：假若函数 $z = f(x,y)$ 是一个曲面方程，曲面覆盖在一个柱体的顶上，该柱体的母线平行于 OZ 轴，又基线 C 位于 XOY 平面上，则函数在围线 C 所围成的区域 D 上的二重积分

$$Y = \iint\limits_{D} f(x,y) \mathrm{d}x \mathrm{d}y$$

表示这个柱体的体积.

在 §5 中我们已经讨论过柱体体积的计算例题了（参阅例 3）.

习　　题

1. 求柱面 $y = x^2$，$x = y^2$ 及曲面 $z = 12 + y - x^2$ 所围成的体积.

答：$4\dfrac{9}{140}$.

2. 求平面 XOY，柱面 $x^2 + y^2 = 1$ 及平面 $x + y + z = 3$ 所围成的体积.

答：3π.

3. 求第一象限中，由柱面 $(x-1)^2 + (y-1)^2 = 1$ 及抛物面 $xy = z$ 所围成的体积.

答：π.

4. 试计算一立体的体积，包围它的面各是：平面 XOY，柱面 $x^2 + y^2 - 2ax = 0$ 及下述直圆锥体：该锥体的顶点在原点，轴是 OZ 轴，锥顶所张的角为 $90°$.

答：$\dfrac{32}{9}a^3$.

5. 求一立体的体积，包围它的曲面是：一个以 a 为半径的球面及一个底半径为 $\dfrac{a}{2}$ 的圆柱面，且圆柱面的一条母线通过球心.

答：$\dfrac{2}{9}a^3(3\pi - 4)$.

6. 求一立体的体积，包围它的曲面是：底为 XOY 平面上由双纽线 $\rho^2 = a^2\cos 2\theta$ 所围成的面积，上顶为球面 $x^2 + y^2 + z^2 = a^2$，侧面为过双纽线的柱面.

答：$\dfrac{1}{9}a^3(3\pi + 20 - 16\sqrt{2})$.

7. 求由平面 XOY，抛物面 $az = x^2 + y^2$ 及柱面 $x^2 + y^2 = 2ax$ 所围成的体积.

答：$\dfrac{3}{2}\pi a^3$.

§9　　平面曲线所围成的面积

前面曾指出：在由围线 C 所围成的区域 D 上，函数 $f(x, y)$ 的二重积分表示一个柱体的体积，其母线平行于 OZ 轴，其顶则是被曲面 $y = f(x, y)$ 所覆盖住的. 我们设 $f(x, y) = 1$，则积分

$$\iint\limits_{D} \mathrm{d}x\mathrm{d}y \text{ 或}\iint\limits_{D}\rho\,\mathrm{d}\rho\mathrm{d}\theta$$

显然表示一个圆柱的体积,它竖立在围线 C 所包围的区域 D 上,高唯一. 这个体积在数值上等于由围线 C 所包围的区域 D 的面积. 由此可知:平面图形的面积可用二重积分算出来

$$\iint\limits_{D}\mathrm{d}x\mathrm{d}y(用直角坐标时)$$

$$\iint\limits_{D}\rho\,\mathrm{d}\rho\mathrm{d}\theta(用极坐标时)$$

例 求抛物线 $y^2 = 4x + 4$ 及直线 $y = 2 - x$ 所围成的面积(图 1).

解 解所给曲线方程组,求得抛物线与直线的交点 $A(0,2)$ 及 $B(8, -6)$. 首先对 x 积分,则左界线的方程 $x = \Phi_1(y)$ 可由抛物线方程求得:$x = \dfrac{y^2 - 4}{4}$,而右界线的方程 $x = \Phi_2(y) = 2 - y$ 就是直线方程. 常数上下限 d 及 c 显然分别等于 2 及 -6. 因此有

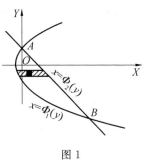

图 1

$$S = \int_{-6}^{2}\int_{\frac{y^2-4}{4}}^{2-y}\mathrm{d}x\mathrm{d}y = \int_{-6}^{2}\left(2 - y - \frac{y^2-4}{4}\right)\mathrm{d}y = \frac{64}{3}$$

注 假若先对 y 积分,则整个计算就麻烦得多. 在 OY 的左边,应在下上限 $y = -\sqrt{4x+4}$ 及 $y = \sqrt{4x+4}$ 之间积分,而其右边,应在 $y = -\sqrt{4x+4}$ 及 $y = 2 - x$ 之间积分. 随之,所求面积 S 是两个重积分

$$S = \int_{-1}^{0}\int_{-\sqrt{4x+4}}^{\sqrt{4x+4}}\mathrm{d}x\mathrm{d}y + \int_{0}^{8}\int_{-\sqrt{4x+4}}^{2-x}\mathrm{d}x\mathrm{d}y$$

习　　题

1.用二重积分求抛物线 $3y^2 = 25x$ 及 $5x^2 = 9y$ 之间的面积. 答:5.

2.试求第一象限中介于抛物线 $y^2 = ax$ 及圆 $y^2 = 2ax - x^2$ 之间的面积. 答:$\dfrac{1}{4}\pi a^2 - \dfrac{2}{3}a^2$.

3.用二重积分求介于圆 $\rho = a\cos\theta, \rho = b\cos\theta(b > a)$ 之间的面积,首先对 ρ 积分. 答:$\dfrac{\pi}{4}(b^2 - a^2)$.

4.用二重积分求由下列各组曲线所围成的面积.

(a) $x^{\frac{1}{2}} + y^{\frac{1}{2}} = a^{\frac{1}{2}}, x + y = a$.　　答: $\dfrac{a^2}{3}$.

(b) $xy = 4, x + y - 5 = 0$.　　答: $\dfrac{1}{2}(15 - 8\ln 4)$.

(c) $y^2 = 4ax + 4a^2, y^2 = -4bx + 4b^2$.　　答: $\dfrac{8}{3}(a + b)\sqrt{ab}$.

(d) $y = \sin x, y = \cos x, x = 0$.　　答: $\sqrt{2} - 1$.

(e) $y = \dfrac{8a^3}{x^2 + 4a^2}, 2y = x, x = 0$.　　答: $a^2(\pi - 1)$.

(f) $x^{\frac{2}{3}} + y^{\frac{2}{3}} = a^{\frac{2}{3}}, x + y = a$.　　答: $\dfrac{a^2}{32}(16 - 3\pi)$.

§10　平面图形的重心

假若用 $\overline{x}$ 及 $\overline{y}$ 表示平面图形的重心的坐标,则

$$\overline{x} = \frac{\int x\,\mathrm{d}m}{\int \mathrm{d}m}, \overline{y} = \frac{\int y\,\mathrm{d}m}{\int \mathrm{d}m}$$

其中 x 及 y 为面积元素的质量 $\mathrm{d}m$ 所集中点的坐标. 随之,我们可以设 $\mathrm{d}m = \omega\,\mathrm{d}x\,\mathrm{d}y$ 或 $\mathrm{d}m = \omega\rho\,\mathrm{d}\rho\,\mathrm{d}\theta$,其中 ω 为所论面积的面密度. 因此,我们现在得到二重积分来作为 $\omega x\,\mathrm{d}x\,\mathrm{d}y, \omega y\,\mathrm{d}x\,\mathrm{d}y$ 及 $\omega\,\mathrm{d}x\,\mathrm{d}y$ 各项的和的极限. 故有

$$\overline{x} = \frac{\iint \omega x\,\mathrm{d}x\,\mathrm{d}y}{\iint \omega\,\mathrm{d}x\,\mathrm{d}y}, \overline{y} = \frac{\iint \omega y\,\mathrm{d}x\,\mathrm{d}y}{\iint \omega\,\mathrm{d}x\,\mathrm{d}y}$$

这时,我们应在需要求重心的那块面积上来计算积分.

极坐标中,上述公式取得下面的形式

$$z = \frac{\iint \omega\rho^2 \cos\theta\,\mathrm{d}\rho\,\mathrm{d}\theta}{\iint \omega\rho\,\mathrm{d}\rho\,\mathrm{d}\theta}, \overline{y} = \frac{\iint \omega\rho^2 \sin\theta\,\mathrm{d}\rho\,\mathrm{d}\theta}{\iint \omega\rho\,\mathrm{d}\rho\,\mathrm{d}\theta}$$

假若密度 ω 为常量,则可把它提到积分号外,公式就更简单了. 以后,我们只讨论这种最简单的情形,故在下面的例子中,我们认为 ω 是常量,不再说明了.

例 1　求椭圆 $\dfrac{x^2}{a^2} + \dfrac{y^2}{b^2} = 1$ 被直线 $bx + ay = ab$ 所割出部分的重心(图 1).

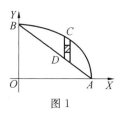

图 1

解 内积分的上下限 $\varphi_2(x)$ 及 $\varphi_1(x)$ 分别从直线及椭圆方程求得

$$\varphi_1(x) = \frac{ab - bx}{a}, \varphi_2(x) = \frac{b}{a}\sqrt{a^2 - x^2}$$

外积分的上下限为 $x = 0$ 及 $x = a$.

现在计算重心公式中的各积分

$$\int_0^a \int_{\frac{ab-bx}{a}}^{\frac{b}{a}\sqrt{a^2-x^2}} x\,\mathrm{d}x\mathrm{d}y = \int_0^a \left(\frac{b}{a}x\sqrt{a^2 - x^2} - ba + \frac{bx^2}{a}\right)\mathrm{d}x = \frac{1}{6}ba^2$$

$$\int_0^a \int_{\frac{ab-bx}{a}}^{\frac{b}{a}\sqrt{a^2-x^2}} y\,\mathrm{d}x\mathrm{d}y = \frac{1}{a^2}\int_0^a (-b^2 x^2 + ab^2 x)\mathrm{d}x = \frac{1}{6}b^2 a$$

$$\int_0^a \int_{\frac{ab-bx}{a}}^{\frac{b}{a}\sqrt{a^2-x^2}} \mathrm{d}x\mathrm{d}y = \frac{1}{4}ab(\pi - 2)$$

故
$$\overline{x} = \frac{2a}{3(\pi - 2)}, \overline{y} = \frac{2b}{3(\pi - 2)}$$

例 2 求圆 $\rho = a\cos\theta$, $\rho = b\cos\theta$ 所围面积的重心（图 2），设 $b > a$.

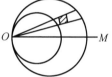

图 2

解 由图形的对称性，立即可知：$\overline{y} = 0$. 现计算决定横坐标 $\overline{x}$ 的公式中的积分

$$\int_{-\frac{\pi}{2}}^{\frac{\pi}{2}} \int_{a\cos\theta}^{b\cos\theta} \rho^2 \cos\theta\,\mathrm{d}\theta\mathrm{d}\rho = \frac{1}{3}(b^3 - a^3)\int_{-\frac{\pi}{2}}^{\frac{\pi}{2}} \cos^4\theta\,\mathrm{d}\theta = \frac{1}{8}\pi(b^3 - a^3)$$

$$\int_{-\frac{\pi}{2}}^{\frac{\pi}{2}} \int_{a\cos\theta}^{b\cos\theta} \rho\,\mathrm{d}\theta\mathrm{d}\rho = \frac{1}{4}\pi(b^2 + a^2)$$

随之
$$\overline{x} = \frac{b^2 + ab + a^2}{2(b + a)}$$

习　　题

求下列曲线所围成图形的重心.

1. 曲线 $\rho^2 = a^2 \cos 2\theta$ 的一环. 　　　答：$\overline{x} = \dfrac{\pi\sqrt{2a}}{8}, \overline{y} = 0.$

2. 曲线 $\rho = a\sin 2\theta$ 的一环. 　　　答：$\overline{x} = \dfrac{128a}{105\pi} = \overline{y}.$

3. 心状线 $\rho = a(1 + \cos\theta)$. 　　　答：$\overline{x} = \dfrac{5a}{6}, \overline{y} = 0.$

§11 平面图形面积的惯性矩

所谓质点对于一条轴的惯性矩,乃该点的质量乘上它到该轴的距离的平方.所谓质点系对于一条轴的惯性矩,乃各个质点对于该轴的惯性矩的和.利用这些定义,我们可以用下述方法将惯性矩概念推广到平面图形的面积上.

将所给图形(区域 D)的面积分为许多小面积,如图 1 所示.

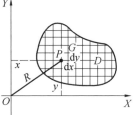

图 1

设 PG 是这些小面积中的一个.用 (x,y) 表示点 P 的坐标,面积元素等于 $\mathrm{d}x\mathrm{d}y$.设图形的密度为 1,即该元素的质量等于 $\mathrm{d}x\mathrm{d}y$.欲求对于 OX 轴的惯性矩,可取 $y^2\mathrm{d}x\mathrm{d}y$ 作为小面积 PG 的惯性矩的近似值.

故按一般方法我们取

$$\lim_{\substack{\Delta x\to 0 \\ \Delta y\to 0}}\sum_{x,y}y^2\mathrm{d}x\mathrm{d}y=\iint\limits_{D}y^2\mathrm{d}x\mathrm{d}y$$

作为整个平面图形对于 OX 轴的惯性矩.

用 I_x 表示面积对于 OX 轴的惯性矩,得

$$I_x=\iint\limits_{D}y^2\mathrm{d}x\mathrm{d}y$$

同样求得

$$I_y=\iint\limits_{D}x^2\mathrm{d}x\mathrm{d}y$$

假若计算惯性矩时的参考轴是垂直于坐标平面的,则用 R 表示点 P 到该轴垂足点 O 的距离(图 1),我们同样可得整个图形面积的惯性矩

$$I=\iint\limits_{D}R^2\mathrm{d}x\mathrm{d}y$$

其中 R^2 是变量 x 及 y 的函数.这个惯性矩称为对于点 O 的极惯性矩,亦可简称为对于点 O 的惯性矩,我们用 I_0 表示.因为显然 $R^2=x^2+y^2$,所以有

$$I_0=\iint\limits_{D}(x^2+y^2)\mathrm{d}x\mathrm{d}y$$

这个公式给出了

$$I_0=\iint\limits_{D}(x^2+y^2)\mathrm{d}x\mathrm{d}y=\iint\limits_{D}y^2\mathrm{d}x\mathrm{d}y+\iint\limits_{D}x^2\mathrm{d}x\mathrm{d}y=I_x+I_y$$

因此得定理:

平面图形的面积对于坐标原点的惯性矩,等于该面积对于该平面上通过该原点的两条互相垂直轴的惯性矩之和.

鉴于极坐标中面积元素的表达式是 $\rho\,\mathrm{d}\theta\,\mathrm{d}\rho$,又 $x=\rho\cos\theta$,$y=\rho\sin\theta$,$x^2+y^2=\rho^2$,我们得到极坐标中惯性矩的公式

$$I_x=\iint\limits_{D}\rho^3\sin^2\theta\,\mathrm{d}\theta\,\mathrm{d}\rho,\ I_y=\iint\limits_{D}\rho^3\cos^2\theta\,\mathrm{d}\theta\,\mathrm{d}\rho$$

$$I=\iint\limits_{D}R^2\rho\,\mathrm{d}\theta\,\mathrm{d}\rho,\ I_0=\iint\limits_{D}\rho^3\,\mathrm{d}\theta\,\mathrm{d}\rho$$

例 1　求由抛物线 $y^2=4ax$,直线 $y=2a$ 及 OY 轴所围成的面积 I_0(图 2).

解　先对 x 积分,应用对于坐标原点的惯性矩的公式得

$$I_0=\int_0^{2a}\int_0^{\frac{y^2}{4a}}(x^2+y^2)\,\mathrm{d}y\,\mathrm{d}x=\int_0^{2a}\left(\frac{1}{192}\cdot\frac{y^6}{a^3}+\frac{1}{4}\cdot\frac{y^4}{a}\right)\mathrm{d}y=\frac{178}{105}a^4$$

例 2　求曲线 $P=a\sin 2\theta$ 的一环 I_0(图 3).

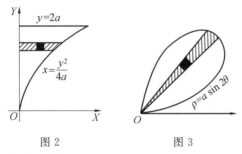

图 2　　　　　　　图 3

解　应用相应的公式,得

$$I_0=\int_0^{\frac{\pi}{2}}\int_0^{a\sin 2\theta}\rho^3\,\mathrm{d}\theta\,\mathrm{d}\rho=\frac{1}{4}a^4\int_0^{\frac{\pi}{2}}\sin^4 2\theta\,\mathrm{d}\theta=\frac{3}{64}\pi a^4$$

习　　题

1.求由直线 $x=a$,$y=0$,$y=\dfrac{b}{a}x$ 所围成的面积 I_0.　　答: $ab\left(\dfrac{a^2}{4}+\dfrac{b^2}{12}\right)$.

2.求由直线 $x=a$,$y=b$ 及两坐标轴所围成矩形的面积 I_0.

答: $\dfrac{ab(a^2+b^2)}{3}$.

3.求椭圆 $\dfrac{x^2}{a^2}+\dfrac{y^2}{b^2}=1$ 的面积 I_y.　　答: $\dfrac{\pi a^3 b}{4}$.

4.求椭圆 $\dfrac{x^2}{a^2}+\dfrac{y^2}{b^2}=1$ 的面积 I_0.　　答: $\dfrac{\pi ab}{4}(a^2+b^2)$.

5. 求一面积 I_0，该面积系由一条直线与抛物线所围成，二者都通过原点及点 (a,b)，抛物线的对称轴为 OX 轴. 答：$\dfrac{ab}{4}\left(\dfrac{a^2}{7}+\dfrac{b^2}{5}\right)$.

6. 求圆 $\rho=2a\cos\theta$ 的面积 I_0. 答：$\dfrac{3}{2}\pi a^4$.

7. 求双纽线 $\rho^2=a^2\cos 2\theta$ 的面积 I_0. 答：$\dfrac{1}{8}\pi a^4$.

8. 求心状线 $\rho=a(1-\cos\theta)$ 的面积 I_0. 答：$\dfrac{35}{16}\pi a^2$.

9. 求内摆线 $x^{\frac{2}{3}}+y^{\frac{2}{3}}=a^{\frac{2}{3}}$ 所围成的面积 I_x. 答：$\dfrac{12}{512}\pi a^4$.

10. 求由抛物线 $y^2=ax$ 及直线 $x=a$ 所围成的面积对直线 $y=-a$ 的惯性矩. 答：$\dfrac{8}{5}a^4$.

§12　曲面面积的一般计算法

设图 1 的曲面 KL 的方程是 $z=f(x,y)$. 现欲求该曲面上一块 S' 的面积.

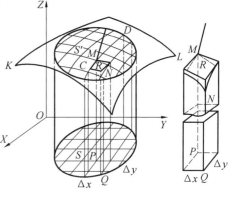

我们用 S 表示 S' 在 XOY 平面上的正射影. 引平行于 YOZ 及 XOZ 的诸平面，使其相距各为 Δx 及 Δy. 这些平面割出一些棱柱（例如 MQ），其上顶为曲面的一部分（如 MN），该部分曲面在 XOY 平面上的射影为矩形，而矩形的面积为 $\Delta x\Delta y$（如 PQ），同时这些矩形成了棱柱的底.

图 1

现在来看曲面 KL 在点 M 的切平面，点 M 的坐标是 (x,y,z).

显然，切平面被棱柱 MQ 所割的一部分（MR）在 XOY 上的射影，也是矩形 PQ.

用 γ 表示曲面在点 M 的法线与 OZ 轴的交角，这个角等于点 M 处的切平面与 XOY 平面的交角，故 PQ 的面积等于 MR 的面积乘以 $\cos\gamma$.

（一个面积在另一平面上的射影，等于射影面积乘上两平面之间夹角的余弦或 $\Delta y\Delta x$ 等于 MR 的面积乘以 $\cos\gamma$，且

$$\cos\gamma=\frac{1}{\left[1+\left(\frac{\partial z}{\partial x}\right)^2+\left(\frac{\partial z}{\partial y}\right)^2\right]^{\frac12}}$$

这是切面与 XOY 平面夹角余弦的公式,我们要注意:分母的根号是取正的,也就是在所论情形下,OZ 轴与曲线平面间的两个交角中取锐角.)

随之 MR 的面积为

$$\frac{1}{\cos\gamma}\Delta x\Delta y=\left[1+\left(\frac{\partial z}{\partial x}\right)^2+\left(\frac{\partial z}{\partial y}\right)^2\right]^{\frac12}\Delta x\Delta y$$

我们取它作为曲面的面积"元素",则曲面 S 部分的面积是由下面公式所给出的

$$\lim_{\substack{\Delta y\to0\\\Delta x\to0}}\sum_{y,x}\left[1+\left(\frac{\partial z}{\partial x}\right)^2+\left(\frac{\partial z}{\partial y}\right)^2\right]^{\frac12}\Delta x\Delta y$$

这里,和是在整个区域 S 上求的.用 A 表示曲面 $z=f(x,y)$ 的 S' 部分的面积,故有

$$A=\iint_S\left[1+\left(\frac{\partial z}{\partial x}\right)^2+\left(\frac{\partial z}{\partial y}\right)^2\right]^{\frac12}\mathrm dx\mathrm dy$$

这时,积分的上下限依赖于 XOY 平面上要计算面积的那部分曲面的射影.随之,积分的上下限由包围平面 XOY 中区域 S 的一条或几条曲线所给出,与前几节中的情形一样.

上面的论证,只在一个条件下才正确,即在曲面 $z=f(x,y)$ 所论那部分 S' 的每一点处,存在一定的切平面,而且这些切平面连续地由一处移到另一处时,不会到达与 XOY 平面垂直的位置.

这个条件,从解析上说,就是函数 $z=f(x,y)$ 的连续偏导数 $\frac{\partial z}{\partial x}$ 及 $\frac{\partial z}{\partial y}$ 存在.当这个条件不满足时,被积分函数就不是变量 x 及 y 的连续函数了.

如果把所讨论的曲面射影到 XOZ 平面上更方便些,那么我们有公式

$$A=\iint_S\left[1+\left(\frac{\partial y}{\partial x}\right)^2+\left(\frac{\partial y}{\partial z}\right)^2\right]^{\frac12}\mathrm dx\mathrm dz$$

这时上下限应从包围区域 S 的那条曲线的方程求出,这里,S 是曲面 S' 部分在平面 XOZ 上的射影.

同样可得

$$A=\iint_S\left[1+\left(\frac{\partial x}{\partial y}\right)^2+\left(\frac{\partial x}{\partial z}\right)^2\right]^{\frac12}\mathrm dy\mathrm dz$$

而上下限则从所论面积在 YOZ 上的射影求得.

常常在一些问题中,要计算某曲面被另一曲面所割出的一部分的面积.在这种情形,公式中的偏导数应从我们要求这部分面积的曲面的方程中计算出

来.

因为积分区域的界线是将曲面的 S' 部分射影在一个坐标平面上后求得的,所以应记住:

为求 S' 部分在 XOY 平面上的射影,应该从这些曲面(其交线给出了包围该部分面积的曲线)的方程中消去 z.

同样,为求 XOZ 平面上的射影,应消去 y;又为求 YOZ 平面上的射影,应消去 x.

例 1 试求球面 $x^2+y^2+z^2=r^2$ 的面积.

解 取所求面积的 $\dfrac{1}{8}$(图 2),得

$$\frac{\partial z}{\partial x}=-\frac{x}{z},\frac{\partial z}{\partial y}=-\frac{y}{z}$$

及

$$1+\left(\frac{\partial z}{\partial x}\right)^2+\left(\frac{\partial z}{\partial y}\right)^2=1+\frac{x^2}{z^2}+\frac{y^2}{z^2}=\frac{x^2+y^2+z^2}{z^2}=\frac{r^2}{r^2-x^2-y^2}$$

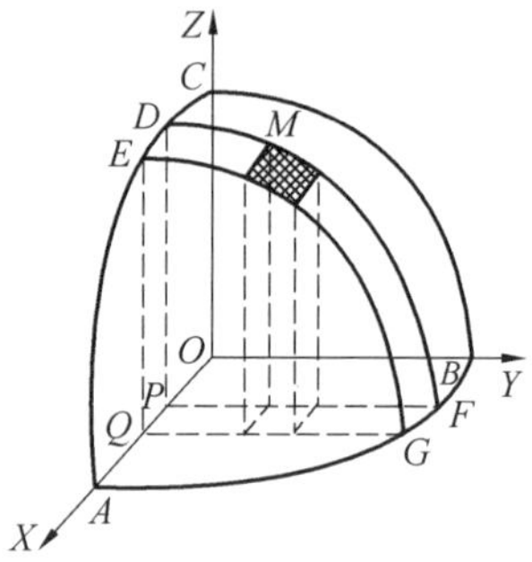

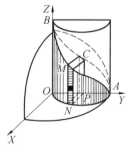

图 2

所求面积在平面 XOY 上的射影为 AOB,这是由 $x=0(OB)$,$y=0(AO)$,$x^2+y^2=r(BGA)$ 所围成的区域.

首先对 y 积分,我们把所有元素(例如 $EDFG$)都加起来.各条射影在 XOY 平面上,也成条形($QPFG$),y 的下上限是 0 及 $PF(\sqrt{r^2-x^2})$.然后对 x 积分,把组成曲面 ABC 的所有条都加起来,x 的下上限是 0 及 $OA(r)$,代入对应的公式中,求得

$$A=8\int_0^r\int_0^{\sqrt{r^2-x^2}}\frac{r\mathrm{d}x\mathrm{d}y}{\sqrt{r^2-x^2-y^2}}=4\pi r^2$$

例 2 半径为 r 的球的球心在一正圆柱面上,该圆柱的底半径为 $\dfrac{r}{2}$,试求柱面被球所割部分的面积.

解 取坐标原点为球心,柱面的母线为 Z 轴,又取圆柱的正截面的直径为 Y 轴,我们求得球面方程为 $x^2+y^2+z^2=r^2$,柱面方程为 $x^2+y^2=ry$. 显然,$ONAMB$(图 3)为所求柱面面积的 $\dfrac{1}{4}$. 因为这个曲面与 XOY 平面相交为半圆的 $\overset{\frown}{ONA}$,所以在该平面上并无区域 S 来决定该平面上的积分上下限. 因此我们把曲线射影到平面 YOZ 上,积

图 3

区域 S 就是 $OACB$. 在平面 YOZ 上,它是由曲线 $z=0(OA)$,$y=0(OB)$,$z^2+ry=r^2(ACB)$ 所围成的,且最后一个方程是由两个曲面方程中消去 x 后得到的. 首先对 z 积分,这表示把垂直条(如 MN)中的所有元素加起来,z 的下上限分别为 0 及 $\sqrt{r^2-ry}$. 然后对 y 积分,亦即把所有这些条都加起来,下上限分别为 0 及 r.

因为所求曲面在柱面上,所以本节对应公式中的偏导数,应从柱面方程求得.

我们有
$$\frac{\partial x}{\partial r}=\frac{r-2y}{2x},\frac{\partial x}{\partial z}=0$$

因此
$$\frac{A}{4}=\int_0^4\int_0^{\sqrt{r^2-ry}}\left[1+\left(\frac{r-2y}{2x}\right)^2\right]^{\frac{1}{2}}\mathrm{d}z\mathrm{d}y$$

由柱面方程将 x 值代入 y 的函数,求得
$$A=2r\int_0^r\int_0^{\sqrt{r^2-ry}}\frac{\mathrm{d}y\mathrm{d}z}{\sqrt{ry-y^2}}=2r\int_0^r\frac{\sqrt{r^2-ry}}{\sqrt{ry-y^2}}\mathrm{d}y=2r\int_0^r\sqrt{\frac{r}{y}}\mathrm{d}y-4r^2$$

习　题

1. 求例 2 中球面被柱面所割部分的面积.

答:$4r\int_0^4\int_0^{\sqrt{ry-y^2}}\frac{\mathrm{d}x\mathrm{d}y}{\sqrt{r^2-x^2-y^2}}=2(\pi-2)r^3$.

2. 两个相同正圆柱的轴互相直交,圆柱的底半径为 r. 试求一柱面被另一柱面所割出部分的面积.

提示:柱面方程为
$$x^2+z^2=r^2\ \text{及}\ x^2+y^2=r^2$$

答:$8r\int_0^r\int_0^{\sqrt{r^2-x^2}}\frac{\mathrm{d}y\mathrm{d}x}{\sqrt{r^2-x^2}}=8r^2$.

3. 试求介于两平面 $x=-8$ 及 $x=6$ 之间那部分球面 $x^2+y^2+z^2=100$ 的面积.

答:280π.

4. 求介于平面 $z=mx$ 及 XOY 之间那部分柱面 $x^2+y^2=r^2$ 的面积.

答:$4r^2m$.

5. 求第一象限中曲面 $z^2+(x\cos\alpha+y\sin\alpha)^2=r^2$ 的面积.

答:$\dfrac{r^2}{\sin\alpha\cos\alpha}$.

6.求介于两坐标平面之间的那部分平面 $\dfrac{x}{a} + \dfrac{y}{b} + \dfrac{z}{c} = 1$ 的面积.

答：$\dfrac{1}{2}\sqrt{b^2c^2 + c^2a^2 + a^2b^2}$.

7.求抛物面 $y^2 + z^2 = 4ax$ 被柱面 $y^2 = ax$ 及平面 $x = 3a$ 所割出部分的面积.

答：$\dfrac{112}{9}\pi a^2$.

8.求柱面 $y^2 = ax$ 被抛物面 $y^2 + z^2 = 4ax$ 及平面 $x = 3a$ 所割出部分的面积.

答：$(13\sqrt{13} - 1)\dfrac{a^2}{\sqrt{3}}$.

9.求柱面 $y^{\frac{2}{3}} + z^{\frac{2}{3}} = a^{\frac{2}{3}}$ 被一曲面所割出部分的面积,该曲面射影在 XOY 平面上为曲线 $x^{\frac{2}{3}} + y^{\frac{2}{3}} = a^{\frac{2}{3}}$.

答：$\dfrac{12}{5}a^2$.

10.求球面 $x^2 + y^2 + z^2 = 2ay$ 被锥面 $x^2 + z^2 = y^2$ 所割出的那部分面积.
答：$2\pi a^2$.

§13　利用三重积分求体积的方法

一些被已知方程的曲面所包围的立体体积,有时可用三次积分法计算.这种方法只是本章前几节所讲方法的推广.

设想,所讨论的立体被平行于坐标平面的诸平面分割成边长分别为 Δx, Δy, Δz 的许多小正平行六面体.这些平行六面体之一的体积是 $\Delta x \cdot \Delta y \cdot \Delta z$,我们取它为体积元素.

现在我们要把区域 R(为已知曲面所包围)内的所有这种元素都加起来.首先把平行于一坐标轴的方柱中的元素都加起来,然后把平行于包含该轴的坐标平面的薄片中的方柱都加起来,最后把所有这些薄片加起来,把这个加法遍及整个所论区域.于是,当 Δx,Δy 及 Δz 各趋近于极限零时,立体的体积 V 将是这个三元和的极限,即

$$V = \lim_{\substack{\Delta x \to 0 \\ \Delta y \to 0 \\ \Delta z \to 0}} \sum_{x,y,z} \Delta x \Delta y \Delta z \tag{1}$$

这里的和是在所给曲面包围的整个区域 R 上求的.通常我们不写(1)的形式,而写为

$$V = \iiint\limits_{R} \mathrm{d}x\,\mathrm{d}y\,\mathrm{d}z \qquad (2)$$

这时,积分的上下限依赖于外围曲面的方程.

因此,把 §9 中所讲的内容一般化之后,我们可以把体积作为常量函数 $f(x,y,z) = 1$ 在整个区域上积分的结果. 但在一些问题中,常常需要将 x, y, z 的连续函数在整个区域上积分,我们用记号

$$\iiint\limits_{R} f(x,y,z)\,\mathrm{d}x\,\mathrm{d}y\,\mathrm{d}z \qquad (3)$$

来记这个积分,这就是(类似于以前我们研究过的二元和)某一个三元和的极限. 这个三重积分的计算方法完全类似于 §6 中二重积分的计算方法.

例 1 求椭球 $\dfrac{x^2}{a^2} + \dfrac{y^2}{b^2} + \dfrac{z^2}{c^2} = 1$

的体积.

解 设椭球的 $\dfrac{1}{8}$ 为 $OABC$(图 1),包围该球的曲面方程为

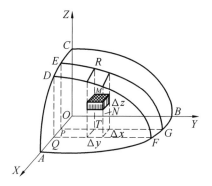

图 1

$$\frac{x^2}{a^2} + \frac{y^2}{b^2} + \frac{z^2}{c^2} = 1\,(ABC) \qquad (4)$$

$$z = 0\,(OAB) \qquad (5)$$

$$y = 0\,(OAC) \qquad (6)$$

$$x = 0\,(OBC) \qquad (7)$$

MN 为元素,即为边长各为 $\Delta x, \Delta y, \Delta z$ 的一个正六面体,这些六面体是由平行于诸坐标面的平面分割所论区域而成的.

首先对 z 积分,我们把方柱(如 RT)中的这些元素加起来,这时积分下上限为 0[根据(5)]及 $TR = c\sqrt{1 - \dfrac{x^2}{a^2} - \dfrac{y^2}{b^2}}$[由(4)解得].

然后对 y 积分,我们把薄片 $DEPQFG$ 中的方柱都加起来,这时积分的下上

限为 0〔根据(6)〕及 $PG = b\sqrt{1 - \dfrac{x^2}{a^2}}$（由曲线 AGB 的方程 $\dfrac{x^2}{a^2} + \dfrac{y^2}{b^2} = 1$ 解 y 而得）.

最后对 x 积分，我们把整个区域 $OABC$ 内的薄片都加起来，这时 x 的下上限为 0〔根据(7)〕及 $OA = a$.

因此

$$\frac{V}{8} = \int_0^a \int_0^{b\sqrt{1 - \frac{x^2}{a^2}}} \int_0^{c\sqrt{1 - \frac{x^2}{a^2} - \frac{y^2}{b^2}}} \mathrm{d}x\,\mathrm{d}y\,\mathrm{d}z =$$

$$c \int_0^a \int_0^{b\sqrt{1 - \frac{x^2}{a^2}}} \left(1 - \frac{x^2}{a^2} - \frac{y^2}{b^2}\right)^{\frac{1}{2}} \mathrm{d}x\,\mathrm{d}y$$

$$V = \frac{8\pi cb}{4a^2} \int_0^a (a^2 - x^2)\,\mathrm{d}x = \frac{4\pi abc}{3}$$

例 2 求一立体的体积，它是由抛物旋转面 $x^2 + y^2 = az$，柱面 $x^2 + y^2 = 2ay$ 及平面 $z = 0$ 所围成的（图 2）.

解 z 的下上限为 0 及 $PM\left(\dfrac{x^2 + y^2}{a}\right.$，由抛物面方程解 z 而得$\Big)$.

x 的下上限为 0 及 $NP(\sqrt{2ay - y^2}$，由柱面方程解 x 而得）.

y 的下上限为 0 及 $OA(2a)$.

这些都是关于立体 $OPAB$ 的下上限，但这个立体是所求立体的一半，有

$$V = 2\int_0^{2a} \int_0^{\sqrt{2ay - y^2}} \int_0^{\frac{x^2 + y^2}{a}} \mathrm{d}y\,\mathrm{d}x\,\mathrm{d}z = \frac{3}{2}\pi a^3$$

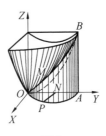

图 2

习　　题

1.试求柱体 $x^2 + y^2 = r^2$ 被平面 $z = 0$ 及 $z = mx$ 所割下的一块楔的体积.

答：$2\displaystyle\int_0^r \int_0^{\sqrt{r^2 - x^2}} \int_0^{mx} \mathrm{d}x\,\mathrm{d}y\,\mathrm{d}z = \frac{2}{3}r^3 m$.

2.求正椭圆柱体的体积,其轴为 OX 轴,高等于 $2a$,底面围线的方程为 $c^2 y^2 + b^2 z^2 = b^2 c^2$.

答:$2 \int_0^a \int_0^b \int_0^{\frac{c}{b}\sqrt{b^2 - y^2}} \mathrm{d}x\,\mathrm{d}y\,\mathrm{d}z = 2\pi abc$.

3.求由曲面

$$\left(\frac{x}{a}\right)^{\frac{1}{2}} + \left(\frac{y}{b}\right)^{\frac{1}{2}} + \left(\frac{z}{c}\right)^{\frac{1}{2}} = 1$$

所围成的整个体积.

答:$\dfrac{abc}{90}$.

4.求由曲面 $x^{\frac{2}{3}} + y^{\frac{2}{3}} + z^{\frac{2}{3}} = a^{\frac{2}{3}}$ 所围成的整个体积.

答:$\dfrac{4\pi a^3}{35}$.

5.求球(半径为 a)被圆柱所割出部分的体积,该圆柱的底半径为 b,又其轴通过球心.

答:$\dfrac{4}{3}\pi\left[a^3 - (a^2 - b^2)^{\frac{3}{2}}\right]$.

6.半径为 r 的球的圆心位于正圆柱面上,圆柱的底半径为 $\dfrac{r}{2}$,试求柱体被球所割出部分的体积.

答:$\dfrac{2}{3}\pi r^3$.

7.求由双曲抛物面 $cz = xy$,平面 XOY 及平面 $x = a_1, x = a_2, y = b_1, y = b_2$ 所围成的体积.

答:$\dfrac{(a_2^2 - a_1^2)(b_2^2 - b_1^2)}{4c}$.

8.求两柱面 $x^2 + y^2 = r^2$ 及 $x^2 + z^2 = r^2$ 所围成的体积.

答:$\dfrac{16}{3}r^3$.

9.求由抛物面 $y^2 + z^2 = 4ax$ 及柱面 $x^2 + y^2 = 2ax$ 所围成的体积.

答:$2\pi a^3 + \dfrac{16}{3}a^3$.

10.求由抛物面 $x^2 + y^2 - z = 1$ 及平面 XOY 所围成的体积.

答:$\dfrac{\pi}{2}$.

11.求由抛物面 $y^2 + z^2 = 4ax$,柱面 $y^2 = ax$ 及平面 $x = 3a$ 所围成的体积.

答:$(6\pi + 9\sqrt{3})a^3$.

12. 求由平面 $z=0$，柱面 $(x-a)^2+(y-b)^2=r^2$ 及双曲抛物面 $xy=cz$ 所围成的体积.

答：$\dfrac{\pi abr^2}{c}$.

13. 求由平面 $z=0$，曲面 $x^2+y^2=4az$ 及 $x^2+y^2=2cx$ 所围成的体积.

答：$\dfrac{3\pi c^4}{8a}$.

14. 求由第一象限中曲面 $xy=az$，$x+y+z=a$ 所围成的体积.

答：$\left(\dfrac{17}{12}-\ln 4\right)a^3$.

15. 求由平面 $z=0$，柱面 $y^2=2cx-x^2$ 及抛物面 $ax^2+by^2=2z$ 所围成的体积.

答：$\dfrac{\pi c^4}{8}(5a+b)$.

线　积　分

第 4 章

§1　线积分的记号

线积分记为

$$(L)\int_{M_0}^{M} P\mathrm{d}x + Q\mathrm{d}y \tag{1}$$

其中 P 及 Q 为定义在弧 L 上的连续函数,积分法是沿着这个弧,从起点 M_0 到终点 M 来完成的.这两个端点称为线积分的限点(图 1).

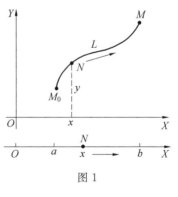

图 1

在特别情形下,当积分路径 L 就是 OX 轴上的线段 $[a,b]$ 时,线积分(1)变成了定义在线段 $[a,b]$ 上的连续函数 P 在上下限 b 及 a 之间从 a 到 b 的普通定积分

$$\int_{a}^{b} P\mathrm{d}x \tag{2}$$

因此,线积分是普通定积分的推广,定积分从这个观点看,就是横坐标轴的直线线段上的线积分.

§2 线积分的来源

它与普通直线定积分的来源完全相仿.

让我们简短地回忆一下定积分.在横坐标轴的线段 $[a,b]$ 上取一连续函数 $F(x)$,该函数具有连续导数 $f(x)$,亦即 $F'(x)=f(x)$(图 1).

$$O \quad a \quad x_1 \quad x_2 \quad \quad x_i \; \xi_i \; x_{i+1} \quad x_{n-1} \quad b$$

图 1

我们曾把这个线段用分点 $x_1,x_2,\cdots,x_{n-1}$ 分为一些小线段,并写出恒等式

$$F(b)-F(a)=[F(x_1)-F(a)]+[F(x_2)-F(x_1)]+$$
$$[F(x_3)-F(x_2)]+\cdots+[F(b)-F(x_{n-1})]$$

依据拉格朗日中值定理,我们会把这个和的一般项 $F(x_{i+1})-F(x_i)$ 表示为

$$F(x_{i+1})-F(x_i)=F'(\xi_i)\cdot(x_{i+1}-x_i)=f(\xi_i)\cdot\Delta x_i$$

故前面那个恒等式取得下面的形式

$$F(b)-F(a)=\sum_{i=0}^{n-1}f(\xi_i)\Delta x_i$$

最后令 $n\to+\infty$,且同时令所有线段的长 Δx_i 都趋近于 0,取极限,我们得到莱布尼兹－牛顿公式

$$F(b)-F(a)=\int_a^b f(x)\mathrm{d}x$$

它用 $F(x)$ 的导数 $f(x)$ 给出了原函数 $F(x)$ 的两个数值的差.

线积分也是这样产生的.设平面 XOY 上有某条曲线 $\overparen{AB}$,它自己本身不相交而且是"光滑"的(也就是,沿着这条曲线有连续变化的切线),或者是由有限个这种光滑弧段组成的.设在该平面 XOY 的 $\overparen{AB}$ 上以及其附近,给定了两个自变量 x 及 y 的一个连续函数,且该函数在 $\overparen{AB}$ 上及其附近具有连续的两个一阶偏导数(图 2).

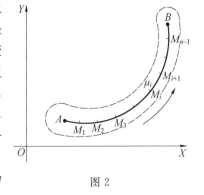

图 2

我们用分点 $M_1,M_2,\cdots,M_{n-1}$ 将 $\overparen{AB}$ 分为 n 个小弧段,这里点 M_i 具有坐标 x_i 及 y_i.为使写法对称起见,我们把始点 A 及终点 B 也写成 $M_0(x_0,y_0)$ 及 $M(x,y)$ 的形

式.用 F_i 表示函数 $F(x,y)$ 在点 M_i 的数值,亦即,设 $F_i = F(x_i, y_i)$,$F_0 = F(x_0, y_0)$ 及 $F = F(x,y)$,我们就有恒等式

$$F - F_0 = [F_1 - F_0] + [F_2 - F_1] + [F_3 - F_2] + \cdots + [F - F_{n-1}] \qquad (1)$$

这个恒等式的一般项 $F_{i+1} - F_i$ 详细写出来就是

$$F_{i+1} - F_i = F(x_{i+1}, y_{i+1}) - F(x_i, y_i)$$

根据拉格朗日中值定理,它恰好等于

$$F'_x(x_i + \theta_i \Delta x_i, y_i + \theta_i \Delta y_i) \cdot \Delta x_i + F'_y(x_i + \theta_i \Delta x_i, y_i + \theta_i \Delta y_i) \cdot \Delta y_i$$

其中 θ_i 是介于 0 与 1 间的中值.就几何意义说,以 $x_i + \theta_i \Delta x_i, y_i + \theta_i \Delta y_i$ 为坐标的点 μ_i 位于联结曲线 $\overset{\frown}{M_i M_{i+1}}$ 两端点 M_i 及 M_{i+1} 的弦 $M_i M_{i+1}$ 上.为简单起见,我们用 ξ_i 及 η_i 表示点 μ_i 的坐标,即设

$$\xi_i = x_i + \theta_i \Delta k_i, \quad \eta_i = y_i + \theta_i \Delta y_i$$

这样,我们有

$$F_{i+1} - F_i = F'_x(\xi_i, \eta_i) \cdot \Delta x_i + F'_y(\xi_i, \eta_i) \cdot \Delta y_i \qquad (2)$$

因此,恒等式(1)可写为

$$F(x,y) - F(x_0, y_0) = \sum_{i=0}^{n} \left[F'_x(\xi_i, \eta_i) \Delta x_i + F'_y(\xi_i, \eta_i) \Delta y_i \right] \qquad (1^*)$$

我们注意,等式(1*)是绝对准确的,这是由于点 $\mu_i(\xi_i, \eta_i)$ 是按拉格朗日中值定理在弦 $M_i M_{i+1}$ 上特别选择的.假若我们把点 $\mu_i(\xi_i, \eta_i)$ 移到弦 $M_i M_{i+1}$ 上另外的位置,或移到曲线 $\overset{\frown}{M_i M_{i+1}}$ 上来,则等式(1*)受到影响.可是因为两个偏导数 $F'_x(x,y)$ 及 $F'_y(x,y)$ 是连续的,所以若所有的 $\overset{\frown}{M_i M_{i+1}}$ 越小,则等式(1*)所受的影响越不足道.因此,当我们令 n 无限增加,各 $\overset{\frown}{M_i M_{i+1}}$ 无限减小而取极限时,受到影响的等式(1*)就重新成立了.[1]

等式(1*)的右边部分,称为线积分,记为

$$\int_{(x_0, y_0)}^{(x,y)} F'_x(x,y) \mathrm{d}x + F'_y(x,y) \mathrm{d}y \qquad (3)$$

故等式(1*)现在可写为

$$F(x,y) - F(x_0, y_0) = \int_{(x_0, y_0)}^{(x,y)} F'_x(x,y) \mathrm{d}x + F'_y(x,y) \mathrm{d}y \qquad (\text{I})$$

通常,以 P 来记偏导数 $\dfrac{\partial F}{\partial x}$,以 Q 来记偏导数 $\dfrac{\partial F}{\partial y}$,随之,$P(x,y)$ 及 $Q(x,y)$ 是变量 x 及 y 的两个连续函数,它们定义在 $\overset{\frown}{AB}$ 上及其近旁,而且是某个连续函数 $F(x,y)$ 的偏导数

---

[1] 我们知道普通定积分中也有这种完全类似的情形.在那里,拉格朗日中点 ξ_i 的变动只对取极限前的有限积分和有影响,而对其极限值没有影响.

$$\frac{\partial F}{\partial x} = P, \frac{\partial F}{\partial y} = Q \qquad (4)$$

公式（I）现在得到下面的形式

$$F(x,y) - F(x_0,y_0) = \int_{(x_0,y_0)}^{(x,y)} P\mathrm{d}x + Q\mathrm{d}y \qquad （I^*）$$

这里应当记住，表达式 $P\mathrm{d}x + Q\mathrm{d}y$ 是函数 $F(x,y)$ 的全微分.

只有在这个条件下，公式（I*）才正确，并且在这种情形下，它是莱布尼兹－牛顿公式在曲线的积分路径上的推广. 假若微分表达式 $P\mathrm{d}x + Q\mathrm{d}y$ 不是全微分，则公式（I*）完全没有意义，因为虽然右边的线积分

$$\int_{(x_0,y_0)}^{(x,y)} P\mathrm{d}x + Q\mathrm{d}y$$

具有一定的数值，亦即存在下列积分和的极限

$$\sum_{i=0}^{n-1} P(\xi_i^*, \eta_i^*)\Delta x_i + Q(\xi_i^*, \eta_i^*)\Delta y_i$$

可是，我们不知道它表示的是什么，因为以 $P\mathrm{d}x + Q\mathrm{d}y$ 为全微分的函数 $F(x,y)$ 现在并不存在[①].

因为 (x_0,y_0) 为 $\widehat{AB}$ 的起点 M_0 的坐标，而 (x,y) 是其终点 M 的坐标，所以公式（I*）常写为

$$F(x,y) - F(x_0,y_0) = L\int_{M_0}^{M} P\mathrm{d}x + Q\mathrm{d}y \qquad （I^{**}）$$

写在积分号下上两端的是积分所在弧段的起点和终点的记号，积分号前括号中的字母表示积分的曲线路径.

常常在图上，用箭头指出积分的方向，这个箭头沿着弧段画出来，由其起点 M_0 指向终点 M（参阅图2）.

公式（I**）指出，线积分概括了普通（直线）积分作为其特殊情形，因为当曲线路径 (L) 是横坐标轴的一段（线段）$[a,b]$ 时，在公式（I**）中应该去掉字母 y：设 $y=0, \mathrm{d}y=0, P(x,0)=f(x), F(x,0)=F(x), M_0=a, M=x$，那么就得到莱布尼兹－牛顿公式

$$F(x) - F(a) = \int_a^x f(x)\mathrm{d}x$$

直线积分与曲线积分的差别只在于：在直线积分的情形下，微分表达式 $f(x)\mathrm{d}x$ 总是某个函数 $F(x)$ 的微分，而在曲线积分的情形下，表达式 $P\mathrm{d}x + Q\mathrm{d}y$ 很难得是一个全微分. 为使它是全微分，则函数 P 及 Q 应适合特殊的条件.

------

① 这里，点 $\mu_i^*(\xi_i^*, \eta_i^*)$ 已不是由拉格朗日定理给出的［因为 $P\mathrm{d}x + Q\mathrm{d}y$ 并不是全微分，所以没有函数 $F(x,y)$，故不能应用这个定理］，而只不过是曲线 $\widehat{M_iM_{i+1}}$ 上的任意一点.

§3 线积分的计算

这个计算是将所给线积分

$$I = \int_{(x_0, y_0)}^{(x, y)} P(x, y)\mathrm{d}x + Q(x, y)\mathrm{d}y \tag{1}$$

用公式上的"直化法"做出来,也就是利用适当置换将它化为普通直线积分的方法做出来.

为此,首先在公式(1)中,将积分变量 x, y 及上限中的变量 x, y 加以区别

$$I = \int_{(x_0, y_0)}^{(x, y)} P(\alpha, \beta)\mathrm{d}\alpha + Q(\alpha, \beta)\mathrm{d}\beta \tag{1*}$$

第一种方法 取弧长 $s = \overset{\frown}{AN}$ 作为积分参量 s,弧长 s 是由起点 A 量到画出 $\overset{\frown}{AB}$ 的动点 N 的(图 1),因此点 N 的坐标 (α, β) 是弧长 s 的函数. 将式 (1*)中的被积分式乘上 $\mathrm{d}s$ 再除以 $\mathrm{d}s$,并记 $\dfrac{\mathrm{d}\alpha}{\mathrm{d}s} = \cos\mu$ 及 $\dfrac{\mathrm{d}\beta}{\mathrm{d}s} = \sin\mu$,这里 μ 是点 N 处的切线对于水平线的倾角,随之它是弧长 s 的一定的函数,我们有

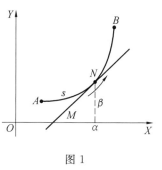

图 1

$$I = \int_0^l \left[P(\alpha, \beta)\cos\mu + Q(\alpha, \beta)\sin\mu \right]\mathrm{d}s \tag{2}$$

这里 l 是整个 $\overset{\frown}{AB}$ 的长度.

公式(2)把线积分 I 的计算化为普通定积分的计算. 我们注意,这里 P 及 Q 是 x 及 y 的任意连续函数,故微分表达式 $P\mathrm{d}x + Q\mathrm{d}y$ 可能不是全微分.

第二种方法 取任意参量 t 作为积分参量,因而 α 及 β 都可假定为 t 的已知函数

$$\alpha = \varphi(t) \ \text{及} \ \beta = \psi(t) \tag{3}$$

当 $t = a$ 时,假定点 $N(\alpha, \beta)$ 与 $\overset{\frown}{AB}$ 的起点 A 重合;当 $t = b$ 时,假定点 $N(\alpha, \beta)$ 到达 $\overset{\frown}{AB}$ 的终点 B;当 t 由 a 增加到 b 时,假定画出 $\overset{\frown}{AB}$ 的点 $N(\alpha, \beta)$ 总是沿一个方向由 A 到 B 的.

将线积分(1*)用置换(3)变换一下,得

$$I = \int_a^b \left[P\{\varphi(t), \psi(t)\}\varphi'(t) + Q\{\varphi(t), \psi(t)\}\psi'(t) \right]\mathrm{d}t \tag{4}$$

导数 $\varphi'(t)$ 及 $\psi'(t)$ 预先假定在 $a \leqslant t \leqslant b$ 上除有限个点以外是处处连

续的,因为我们假定了 $\overset{\frown}{AB}$ 是整个光滑的,或者是由有限个光滑弧所组成的.公式(8)也把线积分的计算化为普通定积分的计算.

§4 当线积分 $\int P\mathrm{d}x + Q\mathrm{d}y$ 不依赖于积分路径 而只依赖于端点的位置时的情形

设在 XOY 平面上,有任意一条连续的不自相交割的封闭曲线 K(图1).设 K 之内给定两个函数 $P(x,y)$ 及 $Q(x,y)$,它们在每一内点处都是连续的.在这些条件下,在 K 内两点 M_0 及 M 之间并沿着整个位于 K 内的路径上取的线积分 $\int P\mathrm{d}x + \int Q\mathrm{d}y$,是一个完全确定了的量.但是,假若我们把端点 M_0 及 M 固定起来,改变积分路径,例如先取路径 L,后取 L^*,则线积分的值可能改变,因为,一般说来

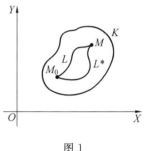

图 1

$$(L)\int_{M_0}^{M} P\mathrm{d}x + Q\mathrm{d}x \neq (L^*)\int_{M_0}^{M} P\mathrm{d}x + Q\mathrm{d}y$$

对于这种因路径更换而改变数值的线积分,我们不打算讲.因此,我们只问,什么时候线积分的值不依赖于积分路径 (L) 而只依赖于其端点的位置?

在 §2 中证明公式

$$F(x,y) - F(x_0,y_0) = (L^*)\int_{M_0}^{M} P\mathrm{d}x + Q\mathrm{d}y \qquad (\mathrm{I}^{**})$$

时,我们已经遇到这种不依赖于积分路径的积分了.公式(I^{**})中,$F(x,y)$ 为两个自变量 x 及 y 在围线 K 内的连续函数,并具有两个连续的一阶偏导数[①],又其中的微分表达式 $P\mathrm{d}x + Q\mathrm{d}y$ 是该函数的全微分 $\mathrm{d}F$.

事实上,公式(I^{**})的右边部分是围线 K 内从所给定点 $M_0(x_0,y_0)$ 起至任意固定点 M(也是在围线 K 之内的)的路径 L(图2)上的线积分.这时,关于积分路径 L 只要求一件事,即它应当完全位于围线 K 之内,没有任何一点是在围线 K 上的,至于路径 L 则可以是任意的.

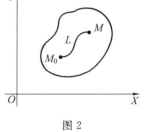

图 2

公式(I^{**})的左边部分是一个完全不依赖于

---

① 这句话中的"连续"二字是译者加的. —— 译者注.

积分学理论

128

积分路径 L 的数量,它只依赖于 L 的端点 M_0 及 M.

为更好地了解这个特别重要的公式(I^{**}),我们应当再加一句,即函数 $F(x,y)$ 的全微分 $\mathrm{d}F$ 等于线积分号下的微分表达式 $P\mathrm{d}x+Q\mathrm{d}y$. 又这种函数虽然有无穷多[假若有一个的话,这种函数 $F(x,y)$ 可能不存在],但所有这些函数,彼此只差一个常量,因而它们在所给两点 M 及 M_0 间的数值差都是一样的,不论我们取的是哪一个函数 $F(x,y)$,只要其全微分等于 $P\mathrm{d}x+Q\mathrm{d}y$ 就可以.

事实上,假若 $F(x,y)$ 是在围线 K 内且也以表达式 $P\mathrm{d}x+Q\mathrm{d}y$ 为其全微分的另一个连续函数,则我们有

$$\mathrm{d}F=P\mathrm{d}x+Q\mathrm{d}y \text{ 及 } \mathrm{d}F^*=P\mathrm{d}x+Q\mathrm{d}y$$

由此 $\mathrm{d}(F^*-F)=0$,随之,差 F^*-F 是围线 K 内的连续函数,且在该围线内其全微分等于 0. 由此可知,这个差是 K 内的常量,亦即我们有 $F^*-F=C$,由此在 K 内处处有 $F^*=F+C$. 因此,我们应有等式

$$F(x,y)-F(x_0,y_0)=F^*(x,y)-F^*(x_0,y_0)$$

故公式(I^{**})的左边部分既不依赖于积分路径,也不依赖于函数 F 的选择,而只要该函数的全微分等于 $P\mathrm{d}y+Q\mathrm{d}y$.

由上面所讲可得:

正定理   假若表达式 $P\mathrm{d}x+Q\mathrm{d}y$ 在围线 K 内是全微分,则线积分

$$\int_{M_0}^{M}P\mathrm{d}x+Q\mathrm{d}y$$

不依赖于积分路径 L(这些路径都从点 M_0 出发,终于点 M),只要这个路径完全在围线 K 内,没有一点在围线上.

由上述所讲,在这种情形下,总积分

$$\int_{M_0}^{M}P\mathrm{d}x+Q\mathrm{d}y$$

显然正好就是围线 K 内以表达式 $P\mathrm{d}x+Q\mathrm{d}y$ 为全微分的连续函数. 这个函数显然在点 M_0 等于 0.

逆定理   假若线积分

$$\int P\mathrm{d}x+Q\mathrm{d}y$$

在围线 K 内,不依赖于积分路径,而只依赖于端点的位置,则积分内的表达式 $P\mathrm{d}x+Q\mathrm{d}y$ 在 K 内全微分.

证明   设由定点 $M_0(x_0,y_0)$ 取到动点 $M(x,y)$ 的线积分

$$\int_{(x_0,y_0)}^{(x,y)}P\mathrm{d}x+Q\mathrm{d}y$$

不依赖于由 M_0 到 M 的积分路径 L,那么这种线积分应当看作变量 x 及 y 在围线 K 内的某个连续函数 $F(x,y)$. 现在求它的偏导数 $\dfrac{\partial F}{\partial x}$ 及 $\dfrac{\partial F}{\partial y}$.

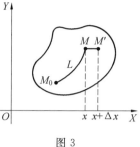

图 3

为求函数 F 的数值 $F(x+\Delta x,y)$,我们应取某条由定点 M_0 出发,终于点 $M'(x+\Delta x,y)$ 的路径.

这条路径可由两部分组成:一部分是由点 M_0 到点 M 的基本路径 L,另一部分是补加的直线段 MM'(图 3). 因此,我们有

$$F(x+\Delta x,y) = (L)\int_{M_0}^{M} P\mathrm{d}x + Q\mathrm{d}x + (MM')\int_{M}^{M'} P\mathrm{d}x + Q\mathrm{d}y =$$

$$F(x,y) + \int_{x}^{(x+\Delta x)} P(\alpha,y)\mathrm{d}\alpha$$

因为沿着线段 MM',我们有 $\mathrm{d}y=0$,这是由于 y 是一个常数,而积分变量 α 则由 x 变到 $x+\Delta x$. 故

$$\frac{F(x+\Delta x,y)-F(x,y)}{\Delta x} = \frac{1}{\Delta x}\int_{x}^{x+\Delta x} P(\alpha,y)\mathrm{d}\alpha$$

因为 P 是围线 K 内的连续函数,所以这个等式的右边部分介于函数 $P(x,y)$ 在线段 MM' 上的最大值与最小值之间. 这个论断乃是积分的中值定理. 当 $\Delta x \to 0$ 时,由于函数 P 是连续的,因此函数 P 在线段 MM' 上的最大值与最小值都趋近于函数 P 在点 M 的数值作为其极限. 我们有

$$\lim_{\Delta x \to 0} \frac{F(x+\Delta x,y)-F(x,y)}{\Delta x} = P(x,y)$$

换言之,我们求得

$$\frac{\partial F}{\partial x} = P \tag{1}$$

用类似的方法,可得

$$\frac{\partial F}{\partial x} = Q \tag{2}$$

由此可知,表达式 $P\mathrm{d}x + Q\mathrm{d}y$ 是线积分

$$\int_{(x_0,y_0)}^{(x,y)} P\mathrm{d}x + Q\mathrm{d}y$$

作为其上限 $M(x,y)$ 的函数看待时的全微分.

由此得到在物理学上特别有用的定理如下:

定理 表达式 $P\mathrm{d}x + Q\mathrm{d}y$ 在围线 K 内为全微分的充分必要条件是该表达式在围线 K 内任意封闭曲线上的积分都等于零.

证明 事实上,根据前述正逆两定理,欲使表达式 $P\mathrm{d}x + Q\mathrm{d}y$ 在围线 K 内

是全微分,充分必要条件是在任意两条由点 M_0 到点 M 的路径 L 及 L^* 上的线积分

$$(L)\int_{M_0}^{M} Pdx + Qdy \ \text{及}\ (L^*)\int_{M_0}^{M} Pdx + Qdy$$

的数值都是相等的(图 4). 因为颠倒线积分的上下线,相当于改变该积分的方向,也就是相当于改变所有积分元素的正负号,而不会改变其绝对值,所以有

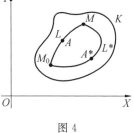

图 4

$$(L)\int_{M}^{M_0} Pdx + Qdy = -(L)\int_{M_0}^{M} Pdx + Qdy$$

由此,若用 Γ 表示封闭的积分路径

$$M_0 A^* M A M_0$$

则得等式

$$(\Gamma)\oint Pdx + Qdy = (L^*)\int_{M_0}^{M} Pdx + Qdy + (L)\int_{M}^{M_0} Pdx + Qdy =$$
$$(L^*)\int_{M_0}^{M} Pdx + Qdy - (L)\int_{M_0}^{M} Pdx + Qdy = 0$$

因减式与被减式相等.

因此,说线积分不依赖于积分路径的形状,就等于说沿任意封闭路径 (Γ) 的线积分 $(\Gamma)\oint Pdx + Qdy$ 等于零. 这就证明了本定理.

注 当围线 K 包围了没有空洞的面积 S 时,亦即当围线连续,而没有任何彼此分离的弧段时,上述重要定理毫无保留地成立. 随之,我们假定了围线 K 可以用铅笔尖不脱离纸面连续画成. 例如当 K 为圆或椭圆时就有这种情形.

当围线 K 包围了有空洞的面积 S 时(图 5(a)),上述定理就不成立了. 在这种情形,围线 K 系由几个彼此孤立的曲线 K_1, K_2 及 K_3 所组成,因为这个围线既要作为面积 S 的外界线,又同时需作为其空洞的界线,$K = K_1 + K_2 + K_3$. 对于这种围线 K,定理很可能是不成立的,因为取线积分 $(\Gamma')\oint Pdx + Qdy$ 时的封闭路径 (Γ') 可能包围了空洞,这时,这个积分就可能等于零了. 它只能在一种情形下才是零,即当曲线 Γ' 可以用连续运动收缩到面积 S 内的一点,而在收缩过程中不掠过该面积 S 上的空洞. 这种积分 $(\Gamma')\oint Pdx + Qdy$ 一定是零.

例 表达式

$$\frac{-y}{x^2 + y^2} dx + \frac{x}{x^2 + y^2} dy$$

是函数 $\arctan \dfrac{y}{x}$ 的全微分,这是容易证明的,因为

$$\operatorname{darctan} \frac{y}{x} = \frac{\mathrm{d}\,\dfrac{y}{x}}{1 + \left(\dfrac{y}{x}\right)^2} = \frac{x\,\mathrm{d}y - y\,\mathrm{d}x}{x^2 + y^2}$$

但若以原点 O 为圆心,以任意长 R 为半径作圆 Γ,则这个表达式在圆周 Γ 上的线积分就不等于 0,而等于 2π. 这也是容易证明的. 我们设

$$I = (\Gamma)\!\int \frac{-\beta}{\alpha^2 + \beta^2}\,\mathrm{d}\alpha + \frac{\alpha}{\alpha^2 + \beta^2}\,\mathrm{d}\beta$$

取半径 ON 与 OX 正半轴所作成的角 θ 为积分参量,我们有

$$\alpha = R\cos\theta, \beta = R\sin\theta, \mathrm{d}\alpha = -R\sin\theta\,\mathrm{d}\theta, \mathrm{d}\beta = R\cos\theta\,\mathrm{d}\theta, \alpha^2 + \beta^2 = R^2$$

代入后求得

$$I = \int_0^{2\pi} \frac{(-R\sin\theta)\cdot(-R\sin\theta)}{R^2}\,\mathrm{d}\theta + \frac{R\cos\theta\cdot R\cos\theta}{R^2}\,\mathrm{d}\theta = \int_0^{2\pi}\mathrm{d}\theta = 2\pi$$

这与上面定理中所讲:积分 $(\Gamma)\!\int P\mathrm{d}x + Q\mathrm{d}y$ 在任意封闭路径 Γ 上均应为零的描述相矛盾. 但这可以解释如下:在所讨论的情形中,函数

$$P = \frac{-y}{x^2 + y^2} \ \text{及} \ Q = \frac{x}{x^2 + y^2}$$

在原点(亦即在 $x=0, y=0$ 点)是不连续的. 因此对于面积 S,若要使 P 及 Q 两个函数在其内每一点都是连续的,决不能包含原点 O. 假若我们取所谓"环"作为这种面积 S,亦即取平面上介于两个同心圆 K_1 及 K_2 之间的部分(图 5(b))作为 S,则这个面积 S 的里面就有一个空洞. 这个面积 S 的围线 K 是间断的,因为它是由两个同心圆 K_1 及 K_2 所组成的:$K = K_1 + K_2$. 因此,没有任何理由可以期待在含有空洞的圆 Γ 上的积分 $I = (\Gamma)\!\int P\mathrm{d}x + Q\mathrm{d}y$ 会等于零. 因此我们得到 $I = 2\pi$.

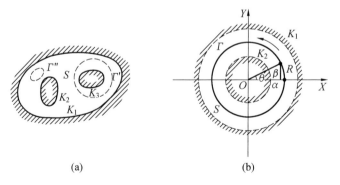

(a)   (b)

图 5

§5　全微分的解析检验法

这个解析检验法非常简单,是由下面的定理所给出的.

定理　欲使表达式 $P\mathrm{d}x+Q\mathrm{d}y$(其中 P,Q 及它们的一阶偏导数,是在围线 K 内的连续函数)在围线 K 内处处为某连续函数 $F(x,y)$ 的全微分,充分必要条件是在围线 K 内,处处都应满足恒等式

$$\frac{\partial P}{\partial y}=\frac{\partial Q}{\partial x}$$

事实上,假若表达式 $P\mathrm{d}x+Q\mathrm{d}y$ 是某连续函数 $F(x,y)$ 的全微分,则我们应有恒等式

$$\mathrm{d}F=\frac{\partial F}{\partial x}\mathrm{d}x+\frac{\partial F}{\partial y}\mathrm{d}y=P\mathrm{d}x+Q\mathrm{d}y$$

由此得
$$\frac{\partial F}{\partial x}=P,\frac{\partial F}{\partial y}=Q$$

但偏导数 $\dfrac{\partial^2 F}{\partial x\partial y}$ 的数值不依赖于微分的次序,故在围线 K 内处处都有恒等式

$$\frac{\partial}{\partial y}\left(\frac{\partial F}{\partial x}\right)=\frac{\partial}{\partial x}\left(\frac{\partial F}{\partial y}\right)$$

它显然可以改写为

$$\frac{\partial P}{\partial y}=\frac{\partial Q}{\partial x}$$

充分条件的证明要难得多,需要一个预备定理.

预备定理　假若在围线 K 内处处都有恒等式

$$\frac{\partial P}{\partial y}=\frac{\partial Q}{\partial x}$$

又假若 π 是完全包含在围线 K 内的任一矩形,其四条边分别平行于坐标轴,则表达式 $P\mathrm{d}x+Q\mathrm{d}y$ 在整个矩形 π(包括其周边)上是全微分.

证明　我们取矩形 π 的左下角点 $M_0(x_0,y_0)$ 作为积分路径的起点,又取该矩形的任一点 $M(x,y)$ 作为终点.积分路径 L 则由两条直线组成,其一为水平线 M_0R,其二为垂直线 RM(图 1).

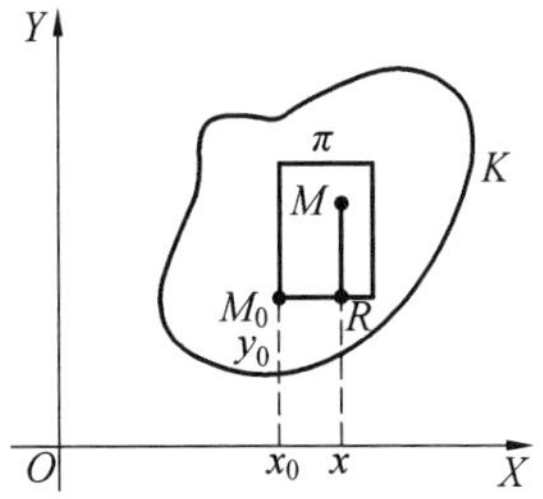

我们有

图 1

133

$$I(x,y) = (L)\int_{M_0}^{M} P\mathrm{d}x + Q\mathrm{d}y = \int_{x_0}^{x} P(\alpha,y_0)\mathrm{d}\alpha + \int_{y_0}^{y} Q(x,\beta)\mathrm{d}\beta$$

很明显，$I(x,y)$ 是 π 上处处连续的函数. 现在来计算 $I(x,y)$ 的一阶偏导数.

我们有

$$\frac{\partial I}{\partial x} = P(x,y_0) + \int_{y_0}^{y} \frac{\partial Q(x,\beta)}{\partial x}\mathrm{d}\beta = P(x,y_0) + \int_{y_0}^{y} \frac{\partial P(x,\beta)}{\alpha\beta}\mathrm{d}\beta =$$

$$P(x,y_0) + P(x,y) - P(x,y_0) = P(x,y)$$

及

$$\frac{\partial I}{\partial y} = Q(x,y)$$

由此可知，表达式 $P\mathrm{d}x + Q\mathrm{d}y$ 在 π 上处处是连续函数 $I(x,y)$ 的全微分.

（证明完毕）

现在我们转过来证明前面定理的第二部分.

条件是充分的.

设在围线 K 内，处处都满足恒等式

$$\frac{\partial P}{\partial y} = \frac{\partial Q}{\partial x}$$

我们要证明，表达式 $P\mathrm{d}x + Q\mathrm{d}y$ 在围线 K 的整个内部是全微分的. 为此，只需证明围线 K 内任意封闭曲线 Γ 上的线积分

$$(\Gamma)\int P\mathrm{d}x + Q\mathrm{d}y$$

都等于零.

这里需要先说明一件事：设 S 及 S^* 为任意的两块面积，各被围线 $ABCA$ 及 $DCBD$ 所包围，且具有公共界线 BC.

设 I 及 I^* 是表达式 $P\mathrm{d}x + Q\mathrm{d}y$ 在这两个围线上的线积分，而且，积分是按围线的正方向取的. 所谓正方向是指当我们依照这个方向在围线上移动时，它所包围的面积总在我们的左边. 在图 2 中，每个积分的方向都用箭头表示出来了. 显然，在这种情形，沿着公共界线 BC 来回各走了一遍，极其重要的是以相交的方向各走了一遍. 因此，把积分 I 及 I^* 加起来，我们有

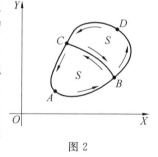

图 2

$$I + I^* = (ABCA)\int P\mathrm{d}x + Q\mathrm{d}y + (DCBD)\int P\mathrm{d}x + Q\mathrm{d}y =$$

$$(ABDCA)\int P\mathrm{d}x + Q\mathrm{d}y \qquad\qquad （\mathrm{I}）$$

公共界线 BC 上的来回两次积分，方向相反，彼此抵消了.

公式（Ⅰ）证明了，在包围面积 S 的围线上的线积分，加上在包围面积 S^* 的围线上的线积分，等于在包围面积 $S+S^*$ 的围线上的线积分.

这时，应当再指出：所有这三个在封闭围线上的积分都是依正方向取的.

我们应用上述内容来证明：条件

$$\frac{\partial P}{\partial y} = \frac{\partial Q}{\partial x}$$

是使表达式 $P\mathrm{d}x+Q\mathrm{d}y$ 为全微分的充分条件.

设 K 为任意一个连续的且不与本身相交的封闭曲线（图 3）. 设在 K 内函数 $P(x,y)$ 与 $Q(x,y)$ 及其一阶偏导数都是连续的，且满足恒等式

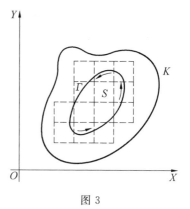

图 3

$$\frac{\partial P}{\partial y} = \frac{\partial Q}{\partial x} \qquad (1)$$

我们要证明，在这些条件下，在围线 K 的整个内部，表达式 $P\mathrm{d}x+Q\mathrm{d}y$ 是一个全微分. 这就是说，存在某个函数 $F(x,y)$，它在 K 内，处处有定义，它的本身和它的一阶导数都是连续的，且在 K 内处处适合恒等式

$$\frac{\partial F}{\partial x}=P \text{ 及} \frac{\partial F}{\partial y}=Q \qquad (2)$$

亦即恒等式

$$\mathrm{d}F = P\mathrm{d}x + Q\mathrm{d}y \qquad (3)$$

我们知道，为此，只要证明在完全位于 K 内的任意一条连续封闭曲线 Γ 上的线积分 $(\Gamma)\!\!\int P\mathrm{d}x+Q\mathrm{d}y$ 等于零.

把曲线 (Γ) 画出来，既然它完全位于围线 K 内，故 (Γ) 所包围的面积 S，对于围线 K 的接近程度，没有一处是小于距离 δ 的，这里 δ 是某个固定的正数，$\delta > 0$.

这表示，对角线小于 δ 的每个矩形，若包含了面积 S 中的点，则应完全位于围线 K 内.

将平面分为许多矩形，矩形的对角线都小于 δ. 显然，若这些矩形包含面积 S 的点，则由上述所讲，可知它是完全在 K 之内的（图 3）.

另外，由预备定理我们知道：在每一个位于 K 内的矩形 π 上，表达式 $P\mathrm{d}x+Q\mathrm{d}y$ 是全微分. 这表示沿着任意的封闭围线 γ，只要它不超出矩形 π 的周边，线积分都等于零，即

$$(\gamma)\!\!\int P\mathrm{d}x+Q\mathrm{d}y=0$$

135

由此可知,若我们取那些与面积 S 有公共点的矩形,并在 S 中被这些矩形所割下来的每块面积①的围线 γ 上,依着正方向取积分,则所有这些线积分都等于零

$$(\gamma)\int P\mathrm{d}x + Q\mathrm{d}y = 0$$

所以它们的和也是零.但是按照前面所讲的,把这些线积分相加时,在面积 S 的这些小块的公共界线上的积分,将互相抵消,因为来回两次的积分方向相反.随之,伸入面积 S 内部的所有积分路径,也就是将面积 S 分为小块的那些路径,自相消去,而面积 S 的那些小块又合二为一了.未曾消去的,只是包围了整个面积 S 的围线 Γ 上取正方向的各弧段.但因为这些弧段上的线积分之和就是在整个封闭围线 Γ 上依正方向取的线积分

$$(\Gamma)\int P\mathrm{d}x + Q\mathrm{d}y$$

所以这个积分应等于零,这就证明了本定理.

推论   我们有:

假若连续函数 P 及 Q 具有连续的一阶偏导数,在围线 K 内适合条件

$$\frac{\partial P}{\partial y} = \frac{\partial Q}{\partial x}$$

则表达式 $P\mathrm{d}x + Q\mathrm{d}y$ 是一个全微分,这时它的线积分

$$\int_{(x_0, y_0)}^{(x, y)} P\mathrm{d}x + Q\mathrm{d}y$$

不依赖于积分路径,并给出了所求的函数 $F(x, y)$,这个函数在点 $M_0(x_0, y_0)$ 等于零,其全微分 $\mathrm{d}F$ 等于表达式 $P\mathrm{d}x + Q\mathrm{d}y$.

§6   线积分依赖于路径的情形 —— 力所做的功

如果微分表达式

$$P\mathrm{d}x + Q\mathrm{d}y \tag{1}$$

---

①   应该知道,我们可以假定:在所取的每个矩形中,只含有面积 S 的一整块.当这个矩形不超出围线 (Γ) 时,这是很明显的,因为这时整个矩形的内部就是面积 S 的一整块.因此只对于那些有一部分超出围线 Γ 的矩形 (Π),才是不明显的.但是,在这种情形,应当考虑围线 Γ 的性质.这个围线是整个光滑的,或者是由有限光滑弧段所组成的.因此,它可以分为有限足够小的光滑弧段,使得沿着每个弧段切线斜率的变化不超过 ε,这里 ε 是任意小的定数,$\varepsilon > 0$.在这些条件下,整个围线 Γ 很像普通的多边形.就多边形围线 Γ 来说,将平面 XOY 分为许多矩形,使得每个矩形只从 S 割出一整块来,是容易辨别的.这时甚至可使有一部分超出 Γ 的矩形 Π 作成正方形.

这种作法对于曲线形的围线 Γ 仍然有效,并给出了具有这种性质的诸矩形 Π(参阅图 3).

可积分的条件

$$\frac{\partial P}{\partial y} - \frac{\partial Q}{\partial x} = 0 \tag{2}$$

不能满足,那么我们知道,不可能指望全微分方程

$$\mathrm{d}z = P\mathrm{d}x + Q\mathrm{d}y \tag{3}$$

定出两个自变量的(亦即平面上一块区域的)一个函数 $z(x,y)$. 可是,在任意一条我们预先选择好的曲线 L 上,微分方程(3)是可以满足的,为此只要写出线积分

$$z = z_0 + (L)\int_{M_0}^{M} P\mathrm{d}x + Q\mathrm{d}y \tag{4}$$

于是我们得到一个定义在曲线 L 上的函数 z,该函数在起点 $M_0(x_0,y_0)$ 取得所给的初值. 且在曲线 L 上适合微分方程(3)(图 1).

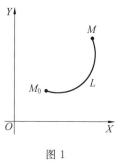

图 1

可是,我们知道,由线积分(4)所定义的变量 z,并不是点 $M(x,y)$ 在其一切坐标 x 与 y 处的函数. 变量 z 不仅依赖于曲线上终点 M 的位置,而且依赖于曲线 L 本身. 如果设想点 M_0 在平面上沿着曲线 L 移动,最后到达点 M,那么可以说,若要知道 z 的数值,不仅要知道点 M 的位置,而且应当知道它离开了最初位置 M_0 后陆续取得的位置. 如果点 M 之前取得曲线 L 上的一系列位置,那么之前所取位置的痕迹,就会对现时变量 z 的数值有影响,从这个意义来讲,那就可以说,线积分(4)表示了一种"遗传现象".

线积分的另一个解释是力学中很重要的功的概念.

假若在点 $M(x,y,z)$ 处作用了力 F(F 在坐标轴上的分量为 X,Y,Z),又假若点 M 在空间画出了某条曲线 L,它在无限小的时间中,由位置 M 移动到位置 M',则力 F 所做的功元素,乃乘积 $F \cdot MM' \cdot \cos(F,MM')$,亦即 $F\mathrm{d}s\cos(F,\mathrm{d}s)$,因为无限小的弦 MM' 及 $\widehat{MM'}$ 是彼此相当的(图 2).

同样,若以 $\mathrm{d}x,\mathrm{d}y,\mathrm{d}z$ 表示位移 MM' 在坐标轴上的射影,则功元素的表达式为

$$X\mathrm{d}x + Y\mathrm{d}y + Z\mathrm{d}z$$

所谓力 F 沿着 $\widehat{M_0M}$ 所做的功,就是沿着这个弧的功元素的和,亦即空间的线积分

$$I = (L)\int_{M_0}^{M} X\mathrm{d}x + Y\mathrm{d}y + Z\mathrm{d}z$$

它可以写为

$$I = (L)\int_{(x_0,y_0,z_0)}^{(x,y,z)} X\mathrm{d}x + Y\mathrm{d}y + Z\mathrm{d}z$$

这是在以 $M_0(x_0, y_0, z_0)$ 为起点，$M(x,y,z)$ 为终点的曲线弧 L 上取的积分(图 3).

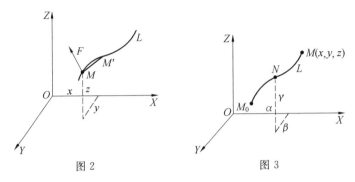

图 2   图 3

空间线积分 $\int X\mathrm{d}x + Y\mathrm{d}y + Z\mathrm{d}z$ 的计算同平面线积分 $\int P\mathrm{d}x + Q\mathrm{d}y$. 这就是,取空间曲线 L 的参量方程

$$\alpha = \varphi(\tau), \beta = \psi(\tau), \gamma = \omega(\tau)$$

(图 3),于是,在线积分 I 中做这个置换后,可写为

$$I = (L)\int_{M_0}^{M} X\mathrm{d}\alpha + Y\mathrm{d}\beta + Z\mathrm{d}\gamma =$$

$$\int_{t_0}^{t} \left[X\varphi'(\tau) + Y\psi'(\tau) + Z\omega'(\tau) \right]\mathrm{d}\tau$$

这里假定了,当 $\tau = t_0$ 时得到弧 L 的起点 M_0,又当 $\tau = t$ 时得到其终点 M.

§7 M. B. 奥斯特罗格拉德斯基公式

M. B. 奥斯特罗格拉德斯基曾求得在可积分条件 $\dfrac{\partial P}{\partial y} = \dfrac{\partial Q}{\partial x}$ 不满足的一般情形下,沿着封闭围线 Γ 的线积分

$$I = (\Gamma)\int P\mathrm{d}x + Q\mathrm{d}y$$

的准确数值.

设函数 P, Q 及其所有一阶导数在围线 K 内都是连续的. 设 Γ 是完全位于 K 内的任意一条封闭而不自相交割的曲线. 我们用 S 表示曲线 Γ 所围部分的平面.

将平面 XOY 分为许多矩形,其各边均平行于坐标轴,又其对角线小于定数 $\delta, \delta > 0$. 在这些矩形中我们只取含有面积 S 的点的矩形. 这些矩形将面积 S 割为小块. 假若我们沿着面积 S 的这些小块的围线 (γ),分别依正方向求线积分

M. B. 奥斯特罗格拉德斯基

$(\gamma)\int P\mathrm{d}x + Q\mathrm{d}y$,然后再把这些线积分加起来,则按 §5,它们的和就恰好等于表达式 $P\mathrm{d}x + Q\mathrm{d}y$ 沿着围线 $\varGamma$ 依正方向求的线积分,随之,我们有

$$\sum (\gamma)\int P\mathrm{d}x + Q\mathrm{d}y = (\varGamma)\int P\mathrm{d}x + Q\mathrm{d}y \tag{1}$$

我们现在应当估计左边各项的数值.

第一种情形 所讨论的矩形是不超出围线 $\varGamma$ 的. 设 $ABCD$ 为这种矩形(图 1).

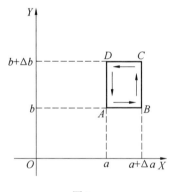

图 1

我们有

$$I_{(ABCDA)} = \int P\mathrm{d}x + Q\mathrm{d}y = \int_0^{\Delta a} P(a+t,b)\mathrm{d}t + \int_0^{\Delta b} Q(a+\Delta a,b+t)\mathrm{d}t -$$

$$\int_0^{\Delta a} P(a+t,b+\Delta b)\mathrm{d}t - \int_0^{\Delta b} Q(a,b+t)\mathrm{d}t =$$

$$-\int_0^{\Delta a}\big[P(a+t,b+\Delta b) - P(a+t,b)\big]\mathrm{d}t +$$

$$\int_0^{\Delta b}\big[Q(a+\Delta a,b+t) - Q(a,b+t)\big]\mathrm{d}t$$

应用拉格朗日中值定理,求得

139

$$I = -\Delta b \cdot \int_0^{\Delta a} P_y'(a+t, b+\theta_1\Delta b)\,\mathrm{d}t + \Delta a \cdot \int_0^{\Delta b} Q_x'(a+\theta_2\Delta a, b+t)\,\mathrm{d}t$$

其中 θ_1 及 θ_2 都是正的,而且都小于 1.

因为 P_y' 及 Q_x' 为连续函数,所以可引用定积分中值定理,我们求得

$$I = -\Delta b \cdot \Delta a \cdot P_y'(a+\theta_3\Delta a, b+\theta_1\Delta b) + \Delta a \cdot \Delta b \cdot Q_x'(a+\theta_2\Delta a, b+\theta_4\Delta b) =$$
$$[Q_x'(a+\theta_2\Delta a, b+\theta_4\Delta b) - P_y'(a+\theta_3\Delta a, b+\theta_1\Delta b)] \cdot \Delta a \Delta b$$

我们注意,中括号中的减数与被减数是导数 $\dfrac{\partial Q}{\partial x}$ 及 $\dfrac{\partial P}{\partial y}$ 在矩形 $ABCD$ 内的某两点处的数值.

因此,假若我们取所有这种矩形 $ABCD$,并做出它们的对应线积分 $(ABCD)\displaystyle\int P\mathrm{d}x + Q\mathrm{d}y$ 之和,且令正数 ε 无限接近于零,则由二重积分的定义(第 3 章 §3),我们有

$$\lim_{\varepsilon\to 0}\sum(ABCDA)\int P\mathrm{d}x + Q\mathrm{d}y = \iint_S \left(\frac{\partial Q}{\partial x} - \frac{\partial P}{\partial y}\right)\mathrm{d}x\mathrm{d}y \tag{2}$$

第二种情形 所讨论的矩形有一部分超出围线 Γ 之外. 我们从 §5(请参阅脚注)中知道,总可以假定这种矩形 π 是正方形,或者是由两个在公共边处连在一起的等大的正方形所组成,同时,交割这块面积的围线 Γ 的弧,联结了两个对应边上的点 A 及 B(图 2). 由此可知,S 中被矩形 π 切割下来的一块面积的围线 (γ) 之长,不超过围线 Γ 的 $\overset{\frown}{AB}$ 长的 6 倍. 因此,S 中被 π 这些矩形切割下来的各块面积的所有围线 (γ) 的总长不超过 $6L$,这里 L 是围线 Γ 的长.

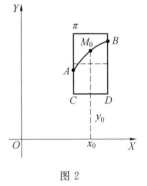

图 2

再看在围线 γ 上依正方向求的积分 $(\gamma)\displaystyle\int P\mathrm{d}x + Q\mathrm{d}y$. 设 $M_0(x_0, y_0)$ 为 $\overset{\frown}{AB}$ 的任意一点(图 2). 以 P_0 及 Q_0 表示函数 P 及 Q 在点 M_0 的数值,我们有

$$(\gamma)\int P\mathrm{d}x + Q\mathrm{d}y = (\gamma)\int P_0\mathrm{d}x + Q_0\mathrm{d}y + (\gamma)\int (P-P_0)\mathrm{d}x + (Q-Q_0)\mathrm{d}y \tag{3}$$

等式(3)右边的第一个积分,显然等于零,因为围线 γ 是封闭的,而被积分式 $P_0\mathrm{d}x + Q_0\mathrm{d}y$ 是一个全微分. 右边的第二个积分非常小,因为每一个矩形 π 的对角线小于 δ,而 δ 是一个任意小的定数. 由此可知,在整个矩形 π 上,我们有不等式

$$|P-P_0| < \varepsilon \ \text{及}\ |Q-Q_0| < \varepsilon$$

这里 $\varepsilon > 0$ 是任意小的一个定数.

因此,我们看到,这个积分的绝对值不能大于

$$(\gamma)\int \varepsilon \mid \mathrm{d}x \mid + \varepsilon \mid \mathrm{d}y \mid < (\gamma)\int \varepsilon \cdot \mathrm{d}\varepsilon + \varepsilon \cdot \mathrm{d}s = 2\varepsilon \cdot (\gamma)\int \mathrm{d}s$$

其中 $\mathrm{d}s$ 是围线 γ 的弧微分.

于是,根据前面讲的,对应于矩形 π 的各围线 γ 上的所有这种线积分之和 $\sum (\gamma)\int P\mathrm{d}x + Q\mathrm{d}y$ 不能大于 $2\varepsilon \sum (\gamma)\int \mathrm{d}s < \varepsilon \cdot 12 \cdot L$.

这里 L 是整个围线 Γ 的长.

因为 ε 任意小,所以我们看到

$$\lim \sum (\gamma)\int P\mathrm{d}x + Q\mathrm{d}y = 0 \tag{4}$$

这里的和是在有一部分超出 Γ 的所有矩形 π 上求的.

最后,比较等式(1)(2)及(4),我们看到

$$(\Gamma)\int P\mathrm{d}x + Q\mathrm{d}y = \iint\limits_{S} \left(\frac{\partial Q}{\partial x} - \frac{\partial P}{\partial y} \right) \mathrm{d}x\mathrm{d}y \tag{5}$$

而这正好就是高斯公式.

推论 由高斯公式(5)立即可得我们已经有的定理:欲使围线 K 内任意封闭曲线 Γ 上的积分 $(\Gamma)\int P\mathrm{d}x + Q\mathrm{d}y$ 等于零,充分必要条件是在围线 K 内等式 $\frac{\partial P}{\partial y} = \frac{\partial Q}{\partial x}$ 处处成立.

充分性很显然,因为当这个等式满足时,二重积分的被积分式等于零.

必要性也很显然,因为假若在 K 内某一点 $M_0(x_0, y_0)$ 处,差 $\frac{\partial Q}{\partial x} - \frac{\partial P}{\partial y}$ 异于零,假如说是正的,则由于我们已假定函数 P 与 Q 及其一阶导数是连续的,因此在点 M_0 附近有不等式 $\frac{\partial Q}{\partial x} - \frac{\partial P}{\partial y} > 0$. 但若取半径 ρ 充分小且圆心在 M_0 的圆 Γ,则在 Γ 之内式(5)的二重积分为正数,于是根据高斯定理,就不可能使该式左边的线积分为零.

§8 左边为全微分的微分方程

我们知道,每个一阶微分方程总可以写为

$$P\mathrm{d}x + Q\mathrm{d}y = 0 \tag{1}$$

其中 P 及 Q 为两个自变量 x 及 y 的函数.

假若表达式 $P\mathrm{d}x + Q\mathrm{d}y$ 是一个全微分,也就是,假若存在自变量 x 及 y 的某个函数 $F(x, y)$,使

$$dF = Pdx + Qdy \qquad (2)$$

则所给的微分方程(1)指出了,在它的每个解 $y(x)$ 上,我们有 $dF=0$,于是在解 $y(x)$ 上函数 $F(x,y)$ 保持为常量.

这告诉我们,微分方程(1)的解 $y(x)$ 可以从普通方程

$$F(x,y) = C \qquad (3)$$

得到,其中 C 为常量.

设 C 为任意的常量,我们就得到微分方程(1)的所有解 $y(x)$,所以(3)是一般解.

由上述内容,我们知道:

(1) 欲使微分方程(1)的左边为全微分,则只要有恒等式 $\dfrac{\partial Q}{\partial x} = \dfrac{\partial P}{\partial y}$;

(2) 当这个恒等式成立时,所需要的函数 $F(x,y)$ 只要沿着起点 $M_0(x_0, y_0)$ 到点 $M(x,y)$ 的任意路径 L 上求出线积分

$$L\int_{(x_0,y_0)}^{(x,y)} Pdx + Qdy$$

便可得到,这时,在围线 K 内,所得结果并不依赖于积分路径 L. 又若根据 §5,求出下列积分

$$F(x,y) = \int_{x_0}^{x} P(\alpha,y)d\alpha + \int_{y_0}^{y} Q(x,\beta)d\beta + C$$

则也可以得到函数 $F(x,y)$.

§9 积 分 因 子

假若表达式 $Pdx + Qdy$ 不是一个全微分,那就自然要求出一个因子 $\mu(x, y)$,使得原来的表达式乘上 μ 之后,所得到新表达式 $\mu Pdx + \mu Qdy$ 变成全微分. 这个因子 μ 称为积分因子,求这个积分因子 μ 的用处在于:原来的及新的微分方程

$$Pdx + Qdy = 0 \text{ 及 } \mu Pdx + \mu Qdy = 0$$

本质上是同一个方程,但是新方程与任何全微分方程一样,只要求两次不定积分便可积出.

欲使新的方程

$$\mu Pdx + \mu Qdy = 0 \qquad (1)$$

为全微分,则只要有恒等式

$$\frac{\partial(\mu Q)}{\partial x} = \frac{\partial(\mu P)}{\partial y}$$

或 $$\mu\frac{\partial P}{\partial y} - \mu\frac{\partial Q}{\partial x} = Q\frac{\partial\mu}{\partial x} - P\frac{\partial\mu}{\partial y} \tag{2}$$

于是,积分因子 $\mu(x,y)$ 是偏微分方程(2)的解,反过来,偏微分方程(2)的每一个解 $\mu(x,y)$ 是表达式 $P\mathrm{d}x + Q\mathrm{d}y$ 的积分因子.

在更完全的教科书中,可证明方程(2)恒有解,所以每一个表达式 $P\mathrm{d}x + Q\mathrm{d}y$ 恒具有积分因子 $\mu(x,y)$.

凡可用不定积分法积到底的大多数微分方程

$$P\mathrm{d}x + Q\mathrm{d}y = 0 \tag{3}$$

都具有已知的积分因子 μ.

例 1 齐次方程 $P\mathrm{d}x + Q\mathrm{d}y = 0$,其中 P 及 Q 都是 x 及 y 的 m 次齐次函数,具有积分因子 $\dfrac{1}{P\mathrm{d}x + Q\mathrm{d}y}$.

证明 先讲一讲齐次函数的典型性质.假设 $f(x,y)$ 是自变量 x 及 y 的 m 次齐次函数,这就表示,若以任意数 t 乘 x 及 y,则仍然得到函数 $f(x,y)$,不过多了一个因子 t^m.

例如,函数 $2x^3 + 5xy^2 - 7x^2y$ 为三次齐次函数,由于以 t 乘其自变量 x 及 y 后,得

$$2(xt)^3 + 5(xt)(yt)^2 - 7(xt)^2(yt) = t^3(2x^3 + 5xy^2 - 7x^2y)$$

因此,若 $f(x,y)$ 是 m 次齐次函数,则就表示有三个字母 x,y,t 的恒等式

$$f(xt,yt) = t^m \cdot f(x,y) \tag{4}$$

将它对 t 微分,得

$$xf'_x(xt,yt) + yf'_y(xt,yt) = mt^{m-1}f(x,y)$$

设 $t = 1$,得到 x 及 y 的恒等式

$$x\frac{\partial f}{\partial x} + y\frac{\partial f}{\partial y} = mf(x,y) \tag{5}$$

现在我们来看因子 $\dfrac{1}{Px + Qy}$ 是否为表达式 $P\mathrm{d}x + Q\mathrm{d}y$ 的积分因子.

我们有

$$\frac{\partial}{\partial x}\frac{Q}{Px + Qy} = \frac{\dfrac{\partial Q}{\partial x}\cdot(Px + Qy) - PQ - Q\left(x\dfrac{\partial P}{\partial x} + y\dfrac{\partial Q}{\partial x}\right)}{(Px + Qy)^2} =$$

$$\frac{x\left(P\dfrac{\partial Q}{\partial x} - Q\dfrac{\partial P}{\partial x}\right) - PQ}{(Px + Qy)^2}$$

同样有

$$\frac{\partial}{\partial y}\frac{P}{Px + Qy} = \frac{y\left(Q\dfrac{\partial P}{\partial x} - P\dfrac{\partial Q}{\partial y}\right) - PQ}{(Px + Qy)^2}$$

由此得

$$\frac{\partial}{\partial x}\frac{Q}{Px+Qy} - \frac{\partial}{\partial y}\frac{P}{Px+Qy} = \frac{P\left(x\frac{\partial Q}{\partial x} + y\frac{\partial Q}{\partial y}\right) - Q\left(x\frac{\partial P}{\partial x} + y\frac{\partial P}{\partial y}\right)}{(Px+Qy)^2}$$

但由于函数 Q 是齐次的,第一个括号等于 mQ;又由于函数 P 是齐次的,第二个括号等于 mP,这里 m 是齐次函数的次数,因此上面的表达式等于 $\frac{mPQ - mQP}{(Px+Qy)^2} = 0$,所以 $\frac{1}{Px+Qy}$ 是积分因子.

例 2 求线性方程 $\frac{\partial y}{\partial x} + Py = Q$ 的积分因子,其中 P 与 Q 只是变量 x 的函数.

解 将所给的线性方程改写为

$$dy + (Py - Q)dx = 0$$

假若 μ 为积分因子,则我们应用

$$\frac{\partial \mu}{\partial x} = \frac{\partial \mu}{\partial y}(Py - Q) + \mu P$$

求出只依赖于 x 的积分因子 μ. 故有 $\frac{\partial \mu}{\partial y} = 0$,上面的方程就可写为 $\frac{\partial \mu}{\partial x} = \mu P$,也就是 $\frac{d\mu}{\mu} = Pdx$,由此得

$$\ln \mu = \int Pdx, 即 \mu = e^{\int Pdx}$$

将全微分

$$e^{\int Pdx}dy + e^{\int Pdx}(Py - Q)dx$$

按 §8 所讲的法则积分,求得

$$ye^{\int Pdx} - \int Qe^{\int Pdx}dx = C$$

由此得到前面曾得到过的一般解

$$y = e^{-\int Pdx}\left(\int Qe^{\int Pdx}dx + C\right)$$

傅里叶级数

§1 三 角 级 数

所谓三角级数乃具有下面形式的级数

$$\frac{a_0}{2} + (a_1\cos x + b_1\sin x) + (a_2\cos 2x + b_2\sin 2x) + \cdots +$$

$$(a_n\cos nx + b_n\sin nx) + \cdots \qquad (1)$$

其中常数 $a_0, a_1, \cdots$ 及 $b_1, b_2, \cdots$ 称为三角级数的系数. 我们假定这些系数以及变量 x 都是实数.

假若三角级数(1)对于 x 的每个数值都收敛,则其和依赖于 x,令

$$f(x) = \frac{a_0}{2} + (a_1\cos x + b_1\sin x) + \cdots +$$

$$(a_n\cos nx + b_n\sin nx) + \cdots \qquad (2)$$

这时,我们说函数 $f(x)$ 展开成三角级数. 显然,$f(x)$ 是以 2π 为周期的周期函数.

在科学与技术上,为了许多实用的目的,常要把预先给定的以 2π 为周期的函数 $f(x)$ 展开成三角级数. 为此,我们应该会做两件事:

145

第一,应当会按所给的函数 $f(x)$,求得它所应展开成的三角级数的诸系数.

第二,应当会证明这样求得的三角级数的确是收敛的,而且它的和恰好就是我们所要展开的那个所给的函数 $f(x)$.

我们现在来解决这两个问题.

§2　傅里叶公式

第一个问题非常简单.首先,§1 中三角级数(1)不应在整个 OX 轴上,而只应在长为 2π 的某一条线段上来考察.因为,假若我们把 x 的数值加 2π 或减 2π,级数的各项并不改变,它们都是以 2π 为周期的周期函数.事实上,我们有恒等式

$$a_n\cos(x\pm2\pi)+b_n\sin(x\pm2\pi)=a_n\cos x+b_n\sin x \tag{1}$$

因此,一般只在线段 $[0,2\pi]$ 或 $[-\pi,\pi]$ 上来讨论三角级数,因为在这些线段外讨论这些级数是多余的.

若三角级数的和 $f(x)$ 已经给定,要找出公式,根据它来计算该三角级数中的系数 a_n 及 b_n,我们首先取函数为收敛的,也就是应具有确定和 $f(x)$ 的这样一个三角级数,即系数绝对值所组成的级数 $\dfrac{|a_0|}{2}+\sum\limits_{n=1}^{\infty}|a_n|+|b_n|$ 为收敛的三角级数.

假若系数绝对值所组成的级数收敛,则§1 中三角级数(1)显然也是收敛的,而且,它是在线段 $[0,2\pi]$ 上正规收敛的,因为其一般项 $a_n\cos nx+b_n\sin nx$ 满足不等式

$$|a_n\cos nx+b_n\sin nx|\leqslant|a_n|+|b_n|$$

显然,这种三角级数在线段 $[0,2\pi]$ 上是均匀收敛的,所以它的和 $f(x)$ 是 $[0,2\pi]$ 上的连续函数.

为了要从三角级数的和 $f(x)$ 来求三角级数

$$f(x)=\frac{a_0}{2}+(a_1\cos x+b_1\sin x)+\cdots+$$
$$(a_n\cos nx+b_n\sin nx)+\cdots+ \tag{2}$$

中的诸系数,我们首先要记住下列几个等式

$$\int_0^{2\pi}\cos mx\cos nx\,\mathrm{d}x=0,\text{其中 }m\neq n$$

$$\int_0^{2\pi}\cos mx\sin nx\,\mathrm{d}x=0,\text{其中 }m=n$$

积分学理论

146

$$\int_0^{2\pi} \sin mx \sin nx \, \mathrm{d}x = 0, \text{其中 } m \neq n$$

$$\int_0^{2\pi} \cos^2 nx \, \mathrm{d}x = \int_0^{2\pi} \sin^2 nx \, \mathrm{d}x = \pi \text{ 及 } \int_0^{2\pi} \mathrm{d}x = 2\pi$$

假若现在我们先将展开式(2)中的 x 换成 α，再把两边乘以 $\cos m\alpha \, \mathrm{d}\alpha$，然后由 0 到 2π 积分[①]，则求得

$$a_n = \frac{1}{\pi} \int_0^{2\pi} f(\alpha) \cos n\alpha \, \mathrm{d}\alpha \qquad (3)$$

同样，以 $\sin n\alpha \, \mathrm{d}\alpha$ 乘两边再积分，得到

$$b_n = \frac{1}{\pi} \int_0^{2\pi} f(\alpha) \sin n\alpha \, \mathrm{d}\alpha \qquad (4)$$

最后，当 $n = 0$ 时，我们有

$$a_0 = \frac{1}{\pi} \int_0^{2\pi} f(\alpha) \, \mathrm{d}\alpha \qquad (3^*)$$

这样，公式(3^*)就是一般公式(3)的特殊情形，只要令(3)中的 $n = 0$ 即得(3^*).

通常公式(3)及(4)写在一起

$$\begin{cases} a_n = \frac{1}{\pi} \int_0^{2\pi} f(\alpha) \cos n\alpha \, \mathrm{d}\alpha \\ b_n = \frac{1}{\pi} \int_0^{2\pi} f(\alpha) \sin n\alpha \, \mathrm{d}\alpha \end{cases}, n = 0, 1, 2, 3, \cdots \qquad (5)$$

称为傅里叶(Fourier)公式. 于是若三角级数

$$\frac{a_0}{2} + (a_1 \cos x + b_1 \sin x) + \cdots + (a_n \cos nx + b_n \sin nx) + \cdots \qquad (\text{I})$$

中的系数 a_n 及 b_n 是傅里叶公式(5)定出的，则该级数(I)称为函数 $f(x)$ 的傅里叶级数，且常用符号写成

$$f(x) \sim \frac{a_0}{2} + (a_1 \cos x + b_1 \sin x) + \cdots +$$

$$(a_n \cos nx + b_n \sin nx) + \cdots \qquad (6)$$

这个式子表明，函数 $f(x)$ 按傅里叶公式(5)产生了符号"$\sim$"右边的三角级数，公式(5)则给出了该级数的系数.

符号"$\sim$"不能写成通常的等号"$=$"，因为甚至存在连续函数 $f(x)$，其傅里叶级数是发散的. 仅当系数 a_n, b_n 使级数 $\sum_{n=1}^{\infty} |a_n| + |b_n|$ 绝对收敛时，才能把"$\sim$"写成"$=$". 但在其余各种情况下，没有预先研究过，是不能这样做的，因为我们并不知道，对已知函数 $f(x)$ 所做的傅里叶级数是收敛于它，而不是收敛于

---

① 这种逐项积分是允许的，因为所论级数(2)是均匀收敛的.

个别函数 $\Phi(x)$ 的(如果该级数是收敛的).

§3 预 备 定 理

为研究傅里叶级数,并证明它是收敛于其母函数 $f(x)$ 的,至少必须对某些类型的函数 $f(x)$ 讲一些辅助定理.

预备定理 1 假若函数 $f(x)$ 在某条线段 $[a,b]$ 上是连续的,则当 n 无限增大时,两个定积分 $\int_a^b f(\alpha)\cos n\alpha\,\mathrm{d}\alpha$ 及 $\int_a^b f(\alpha)\sin n\alpha\,\mathrm{d}\alpha$ 都趋近于零.

证明 我们只讨论第一个积分,因为第二个积分的证明也是一样的. 我们用 A_n 表示第一个积分

$$A_n = -\int_a^b f(\alpha)\cos n\alpha\,\mathrm{d}\alpha \tag{1}$$

因为对于任意的 φ,我们恒有 $\cos(\varphi-\pi)=\cos\varphi$,所以 $\cos n\alpha = -\cos(n\alpha-\pi)$,因此

$$A_n = -\int_a^b f(\alpha)\cos(n\alpha-\pi)\mathrm{d}\alpha = -\int_a^b f(\alpha)\cos n\left(\alpha-\frac{\pi}{n}\right)\mathrm{d}\alpha$$

令 $\alpha-\dfrac{\pi}{n}=\beta$,我们有 $\alpha=\beta+\dfrac{\pi}{n}$ 及 $\mathrm{d}\alpha=\mathrm{d}\beta$. 由此得

$$A_n = -\int_{a-\frac{\pi}{n}}^{b-\frac{\pi}{n}} f\left(\beta+\frac{\pi}{n}\right)\cos n\beta\,\mathrm{d}\beta =$$

$$-\int_{a-\frac{\pi}{n}}^{b-\frac{\pi}{n}} f\left(\alpha+\frac{\pi}{n}\right)\cos n\alpha\,\mathrm{d}\alpha$$

因为我们可把积分变量 β 写为字母 α 的式子,所以与式(1)同时可得

$$A_n = -\int_{a-\frac{\pi}{n}}^{b-\frac{\pi}{n}} f\left(\alpha+\frac{\pi}{n}\right)\cos n\alpha\,\mathrm{d}\alpha \tag{2}$$

将等式(1)及(2)相加,得

$$2A_n = -\int_{a-\frac{\pi}{n}}^{a} f\left(\alpha+\frac{\pi}{n}\right)\cos n\alpha\,\mathrm{d}\alpha + \int_a^{b-\frac{\pi}{n}}\left[f(\alpha)-f\left(\alpha+\frac{\pi}{n}\right)\right]\cos n\alpha\,\mathrm{d}\alpha +$$

$$\int_{b-\frac{\pi}{n}}^{b} f(\alpha)\cos n\alpha\,\mathrm{d}\alpha \tag{3}$$

因为函数 $f(x)$ 在线段 $[a,b]$ 上是连续的,所以在 $[a,b]$ 上是有界的,亦即对于 $[a,b]$ 上的所有的点 x 都有不等式 $|f(x)|\leqslant M$. 因此,等式(3)右边两端的两个积分的绝对值,都不大于 $M\cdot\dfrac{\pi}{n}$. 至少中间的那个积分,其绝对值不大于

$$\int_a^{b-\frac{\pi}{n}}\left|f(\alpha)-f\left(\alpha+\frac{\pi}{n}\right)\right|\mathrm{d}\alpha$$

所以我们有不等式

$$|2A_n| \leqslant 2M\frac{\pi}{n} + \int_a^{b-\frac{\pi}{n}}\left|f(\alpha) - f\left(\alpha + \frac{\pi}{n}\right)\right|\mathrm{d}\alpha$$

由于函数 $f(x)$ 是在 $[a,b]$ 上均匀连续的，因此对于足够大的数 n，我们有不等式 $\left|f(\alpha) - f\left(\alpha + \frac{\pi}{n}\right)\right| < \varepsilon$，其中 ε 是任意小的固定正数. 因此，对于足够大的 n，我们有

$$|2A_n| < 2M\frac{\pi}{n} + \varepsilon(b-a) \tag{4}$$

又由于当 $n \to +\infty$ 时，$2M\frac{\pi}{n} \to 0$，因此知

$$\lim_{n \to +\infty} A_n = 0$$

同样，我们可证明预备定理 1 中的第二个积分

$$B_n = \int_a^b f(\alpha)\sin n\alpha\, \mathrm{d}\alpha$$

当 n 无限增大时，也趋近于零，也就是，我们有

$$\lim_{n \to +\infty} B_n = 0$$

所证明的预备定理 1 有两个推论：

推论 1 假若在区间 $[a,b]$ 上的曲线 $y = f(x)$ 是由有限个连续弧段所组成的，则当 n 无限增大时，两个积分 $\int_a^b f(\alpha)\cos n\alpha\, \mathrm{d}\alpha$ 及 $\int_a^b f(\alpha)\sin n\alpha\, \mathrm{d}\alpha$ 仍然都趋近于零.

事实上，在这种情形，积分 $\int_a^b f(\alpha)\cos n\alpha\, \mathrm{d}\alpha$ 可分为有限个积分 $\int_a^\xi + \int_\xi^{\xi'} + \int_{\xi'}^b$ 的和（图 1），使每个积分中的函数 $f(x)$ 在其两个积分上下限之间（包括端点）是连续的. 因此根据所证明的预备定理 1，每个积分都随 n 的增大而趋近于零. 随之，当 $n \to +\infty$ 时，它们的和，即整个积分 $\int_a^b f(\alpha)\cos n\alpha\, \mathrm{d}\alpha$，也趋近于零.

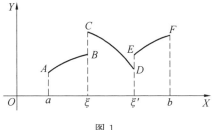

图 1

同样，当 $n \to +\infty$ 时，我们有 $\int_a^b f(\alpha) \sin n\alpha \, d\alpha \to 0$.

推论 2 假若区间 $[a,b]$ 上的曲线 $y=f(x)$ 是由有限个连续弧段所组成的，则当 $n \to +\infty$ 时，对 $f(x)$ 所做的傅里叶级数的系数 a_n 及 b_n 都趋近于零，也就是我们有 $\lim\limits_{n \to +\infty} a_n = 0$ 及 $\lim\limits_{n \to +\infty} b_n = 0$.

事实上，按 §2 的傅里叶公式(5)，我们有

$$a_n = \frac{1}{\pi} \int_0^{2\pi} f(\alpha) \cos n\alpha \, d\alpha \text{ 及 } b_n = \frac{1}{\pi} \int_0^{2\pi} f(\alpha) \sin n\alpha \, d\alpha$$

故按预备定理 1，当 $n \to +\infty$ 时，我们有 $a_n \to 0$ 及 $b_n \to 0$.

预备定理 2 对于每一个自然数 n，我们有恒等式

$$\frac{1}{2} + \cos\alpha + \cos 2\alpha + \cdots + \cos n\alpha = \frac{\sin\left(n + \frac{1}{2}\right)\alpha}{2\sin\frac{\alpha}{2}} \tag{5}$$

证明 我们有恒等式

$$\sin\left(k + \frac{1}{2}\right)\alpha - \sin\left(k - \frac{1}{2}\right)\alpha = 2\cos k\alpha \sin\frac{\alpha}{2} \tag{6}$$

其中 $k = 0, 1, 2, \cdots, n$.

把这个恒等式改写为

$$\sin\left(k + \frac{1}{2}\right)\alpha - \sin\left(k - 1 + \frac{1}{2}\right)\alpha = 2\cos k\alpha \sin\frac{\alpha}{2}$$

并就 $k = 1, 2, 3, \cdots, n$ 时把所有恒等式相加，我们求得

$$\sin\left(n + \frac{1}{2}\right)\alpha - \sin\frac{\alpha}{2} = (\cos\alpha + \cos 2\alpha + \cdots + \cos n\alpha) \cdot 2\sin\frac{\alpha}{2}$$

由此，将 $\sin\frac{\alpha}{2}$ 移到右边，并以 $2\sin\frac{\alpha}{2}$ 除两边，我们就得到恒等式(5).

§4 傅里叶级数的前 $n+1$ 项和的表达式

设函数 $f(x)$ 在线段 $[0, 2\pi]$ 上是由有限个连续弧段所表示的(图 1).

设
$$f(x) \sim \frac{a_0}{2} + \sum_{n=1}^{\infty} (a_n \cos nx + b_n \sin nx) \tag{1}$$

为 $f(x)$ 的傅里叶级数. 这表示，系数 a_n, b_n 是按傅里叶公式

$$a_n = \frac{1}{\pi} \int_0^{2\pi} f(\alpha) \cos n\alpha \, d\alpha \text{ 及 } b_n = \frac{1}{\pi} \int_0^{2\pi} f(\alpha) \sin n\alpha \, d\alpha \tag{2}$$

算出来的.

我们用 $S_n(x)$ 表示傅里叶级数的前 $n+1$ 项之和

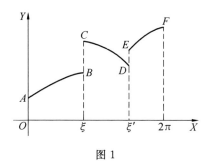

图 1

$$S_n(x) = \frac{a_0}{2} + (a_1 \cos x + b_1 \sin x) + \cdots + (a_n \cos nx + b_n \sin nx) \quad (3)$$

故缩写为

$$S_n(x) = \frac{a_0}{2} + \sum_{k=1}^{n} (a_k \cos kx + b_k \sin kx) \quad (4)$$

这个有限和 $S_n(x)$ 的一般项 $a_k \cos kx + b_k \sin kx$，用傅里叶公式来表示其中的系数 a_k 及 b_k 后，取得下面的形式

$$a_k \cos kx + b_k \sin kx = \frac{1}{\pi} \int_0^{2\pi} f(\alpha) [\cos k\alpha \cos kx + \sin k\alpha \sin kx] d\alpha =$$
$$\frac{1}{\pi} \int_0^{2\pi} f(\alpha) \cos k(\alpha - x) d\alpha \quad (5)$$

因此，整个和可写为

$$S_n(x) = \frac{1}{\pi} \int_0^{2\pi} f(\alpha) \left[\frac{1}{2} + \sum_{k=1}^{n} \cos k(\alpha - x) \right] d\alpha \quad (6)$$

积分号内方括号中的表达式，当 x 为定数时，是 α 的周期函数，周期为 2π. 至于函数 $f(\alpha)$，则它暂时只定义在线段 $[0, 2\pi]$ 上. 但是我们可以把它定义在整个 OX 轴上，这就是，使它成为以 2π 为周期的周期函数. 为此，只要先将 OX 轴分为长为 2π 的许多段，由原点 O 向右及向左依次截取这样的线段，然后在每个这种线段中，复制出来基本线段 $[0, 2\pi]$ 上所给的图形(图 1). 这样作了之后，函数 $f(x)$ 就定义在整个 OX 轴上了，并且具有周期 2π. 这样，式(6)积分号内的乘积就在整个 OX 轴上都有定义了，而且是周期性的函数，周期为 2π. 但由于在一个长为周期的线段上，周期函数的积分显然是一个常量，不依赖于该线段的位置，因此我们可以用长度也是 2π 的线段 $[x-\pi, x+\pi]$ 来代替公式(6)中的积分线段 $[0, 2\pi]$. 这就使我们得到

$$S_n(x) = \frac{1}{\pi} \int_{x-\pi}^{x+\pi} f(\alpha) \left[\frac{1}{2} + \sum_{k=1}^{n} \cos k(\alpha - x) \right] d\alpha$$

做置换 $\alpha - x = \beta$，我们有 $\alpha = x + \beta$ 及 $d\alpha = d\beta$. 由此得

$$S_n(x) = \frac{1}{\pi} \int_{-\pi}^{\pi} f(x + \beta) \left[\frac{1}{2} + \sum_{k=1}^{n} \cos k\beta \right] d\beta$$

再把积分变量 β 改写为 α 的形式,并引用 §3 中的预备定理 2,我们最后求得

$$S_n(x) = \frac{1}{\pi} \int_{-\pi}^{\pi} f(x+\alpha) \cdot \frac{\sin\left(n+\frac{1}{2}\right)\alpha}{2\sin\frac{\alpha}{2}} d\alpha \qquad (7)$$

这个积分表达了所给函数 $f(x)$ 的傅里叶级数的前 $n+1$ 项的和,称为狄利克雷(Dirichlet) 积分. 它的作用是使我们能研究傅里叶级数的收敛性. 为此,应令 n 无限增大. 有了这个目的,再用较有伸缩性的积分下上限 $-\varepsilon$ 及 ε 来代替硬性的积分下上限 $-\pi$ 及 π,就能使狄利克雷积分的研究容易些.

为证明这样简化积分(7)是合理的,我们注意,函数 $f(x)$ 在基本线段$[0,$ $2\pi]$ 上是假定可用有限个连续弧来表示的. 因为分母 $2\sin\frac{\alpha}{2}$ 在线段 $[-\pi,-\varepsilon]$ 及$[\varepsilon,\pi]$($\varepsilon > 0$ 且是极小的数) 上不等于零,所以两个表达式

$$f(x+\alpha) \cdot \frac{\cos\frac{\alpha}{2}}{2\sin\frac{\alpha}{2}} \;\text{及}\; f(x+\alpha) \cdot \frac{\sin\frac{\alpha}{2}}{2\sin\frac{\alpha}{2}}$$

在线段$[-\pi,-\varepsilon]$ 及$[\varepsilon,\pi]$ 上,分别可用有限个连续弧段来表示.

因此,根据 §3 中的预备定理 1 的推论 1,我们有四个趋近于零(当 $n \rightarrow +\infty$) 的积分

$$I_1 = \frac{1}{\pi} \int_{-\pi}^{-\varepsilon} f(x+\alpha) \cdot \frac{\cos\frac{\alpha}{2}}{2\sin\frac{\alpha}{2}} \cdot \sin n\alpha \, d\alpha$$

$$I_2 = \frac{1}{\pi} \int_{-\pi}^{-\varepsilon} f(x+\alpha) \cdot \frac{\sin\frac{\alpha}{2}}{2\sin\frac{\alpha}{2}} \cdot \cos n\alpha \, d\alpha$$

$$I_3 = \frac{1}{\pi} \int_{\varepsilon}^{\pi} f(x+\alpha) \cdot \frac{\cos\frac{\alpha}{2}}{2\sin\frac{\alpha}{2}} \cdot \sin n\alpha \, d\alpha$$

$$I_4 = \frac{1}{\pi} \int_{\varepsilon}^{\pi} f(x+\alpha) \cdot \frac{\sin\frac{\alpha}{2}}{2\sin\frac{\alpha}{2}} \cdot \cos n\alpha \, d\alpha$$

又因我们有

$$\frac{1}{\pi} \int_{-\pi}^{-\varepsilon} f(x+\alpha) \cdot \frac{\sin\left(n+\frac{1}{2}\right)\alpha}{2\sin\frac{\alpha}{2}} d\alpha = I_1 + I_2$$

及
$$\frac{1}{\pi}\int_{\varepsilon}^{\pi}f(x+\alpha)\cdot\frac{\sin\left(n+\frac{1}{2}\right)\alpha}{2\sin\frac{\alpha}{2}}\mathrm{d}\alpha=I_3+I_4$$

故当 $n\to+\infty$ 时,这两个积分都趋近于零.

由此可知,$f(x)$ 的傅里叶级数的前 $n+1$ 项之和 $S_n(x)$,可以写为

$$S_n(x)=\frac{1}{\pi}\int_{-\varepsilon}^{\varepsilon}f(x+\alpha)\cdot\frac{\sin\left(n+\frac{1}{2}\right)\alpha}{2\sin\frac{\alpha}{2}}\mathrm{d}\alpha+\eta_n \tag{8}$$

其中的 η_n,当 $n\to\infty$ 时是一个无穷小量.

等式(8)右边的积分称为狄利克雷截积分.其中在积分上下限中的数 ε 为正数,可以是任意小,但它是固定的.

§5　傅里叶级数的收敛

我们只限于讨论在实用上重要的情形,即被展开为傅里叶级数的函数 $f(x)$,可表示为有限个连续弧段,且这些弧在其每一点处都有切线的情形.

这里,为使读者能清楚了解,我们再说一遍,这些个别的弧段,如 §4 图 1 中的 $\overset{\frown}{AB}$,$\overset{\frown}{CD}$,$\overset{\frown}{EF}$,在每一点都有确定的切线,甚至在其端点如 A,B,C,D,E,F 处,也是这样.

假若 x 是函数 $f(x)$ 的任何弧段上的连续点,则 x 不可能是端点的横坐标.于是函数 $f(x)$ 在这种点处就具有导数 $f'(x)$,这就是说,当 $\alpha>0$ 或 $\alpha<0$ 而趋近于零时,比值

$$\frac{f(x+\alpha)-f(x)}{\alpha}$$

趋近于一个确定的极限.

假若点 ξ 为某弧段的端点,则 ξ 是两个端点(如 §4 图 1 中的点 B 及点 C)的横坐标.显然,在这种情形,$f(\xi-0)=\xi B$,而 $f(\xi+0)=\xi C$,线段 ξC 一般说来是不等于线段 ξB 的.因此在这种点 ξ,函数不可能有导数,但应该有两个极限

$$\lim_{\alpha\to0}\frac{f(\xi+\alpha)-f(\xi+0)}{\alpha},\alpha>0 \tag{1}$$

$$\lim_{\alpha\to0}\frac{f(\xi+\alpha)-f(\xi-0)}{\alpha},\alpha<0 \tag{2}$$

显然,第一个极限(1)等于 $\overset{\frown}{CD}$ 在点 C 处的切线斜率,而第二个极限(2)等于 $\overset{\frown}{AB}$ 在点 B 处的切线斜率.

我们取函数 $f(x)$ 的傅里叶级数

$$f(x) \sim \frac{a_0}{2} + (a_1\cos x + b_1\sin x) + \cdots +$$
$$(a_n\cos nx + b_n\sin nx) + \cdots \tag{3}$$

其前 $n+1$ 项之和 $S_n(x)$，可写为

$$S_n(x) = \frac{1}{\pi}\int_{-\varepsilon}^{\varepsilon} f(x+\alpha)\cdot\frac{\sin\left(n+\frac{1}{2}\right)\alpha}{2\sin\frac{\alpha}{2}}\mathrm{d}\alpha + \eta_n \tag{4}$$

其中的 η_n，当 $n\to+\infty$ 时，趋近于零.

第一种情形 在弧的内点 x 处，傅里叶级数的收敛问题.

由 §3 的预备定理 2，我们有

$$\frac{1}{2}+\cos\alpha+\cos 2\alpha+\cdots+\cos n\alpha = \frac{\sin\left(n+\frac{1}{2}\right)\alpha}{2\sin\frac{\alpha}{2}}$$

用 $\frac{1}{\pi}\mathrm{d}\alpha$ 来乘，在 0 及 π 之间积分，得

$$\frac{1}{\pi}\int_0^{\pi}\frac{\sin\left(n+\frac{1}{2}\right)\alpha}{2\sin\frac{\alpha}{2}} = \frac{1}{2} \tag{5}$$

同样可得

$$\frac{1}{\pi}\int_{-\infty}^{0}\frac{\sin\left(n+\frac{1}{2}\right)\alpha}{2\sin\frac{\alpha}{2}}\mathrm{d}\alpha = \frac{1}{2} \tag{6}$$

(5) 及 (6) 中的积分，分别可分为两部分

$$\frac{1}{\pi}\int_0^{\pi} = \frac{1}{\pi}\int_0^{\varepsilon} + \frac{1}{\pi}\int_{\varepsilon}^{\pi} \quad 及 \quad \frac{1}{\pi}\int_{-\pi}^{0} = \frac{1}{\pi}\int_{-\varepsilon}^{0} + \frac{1}{\pi}\int_{-\pi}^{-\varepsilon}$$

其中第二部分，当 $n\to+\infty$ 时，趋近于零(参阅 §4). 随之，我们有

$$\frac{1}{2} = \frac{1}{\pi}\int_{-\varepsilon}^{0}\frac{\sin\left(n+\frac{1}{2}\right)\alpha}{2\sin\frac{\alpha}{2}}\mathrm{d}\alpha + \eta_n^{*} \tag{5^{*}}$$

$$\frac{1}{2} = \frac{1}{\pi}\int_{0}^{\varepsilon}\frac{\sin\left(n+\frac{1}{2}\right)\alpha}{2\sin\frac{\alpha}{2}}\mathrm{d}\alpha + \eta_n^{**} \tag{6^{*}}$$

其中当 $n\to+\infty$ 时，$\eta_n^{*}\to 0$ 及 $\eta_n^{**}\to 0$.

将 (5^{*}) 及 (6^{*}) 加起来，得

$$1 = \frac{1}{\pi} \int_{-\varepsilon}^{\varepsilon} \frac{\sin\left(n + \frac{1}{2}\right)\alpha}{2\sin\frac{\alpha}{2}} d\alpha + \eta_n^* + \eta_n^{**} \tag{7}$$

以 $f(x)$ 乘等式(7),我们得到

$$f(x) = \frac{1}{\pi} \int_{-\varepsilon}^{\varepsilon} f(x) \frac{\sin\left(n + \frac{1}{2}\right)\alpha}{2\sin\frac{\alpha}{2}} d\alpha + (\eta_n^* + \eta_n^{**}) \cdot f(x) \tag{8}$$

由等式(4)减去等式(8),得到

$$S_n(x) - f(x) = \frac{1}{\pi} \int_{-\varepsilon}^{\varepsilon} \frac{f(x+\alpha) - f(x)}{\alpha} \frac{\alpha}{2\sin\frac{\alpha}{2}} \cdot \sin\left(n + \frac{1}{2}\right)\alpha d\alpha +$$

$$\eta_n - (\eta_n^* + \eta_n^{**}) \cdot f(x) \tag{9}$$

所得到的等式(9)是极其重要的,因为由这个等式可直接推出:傅里叶级数在函数 $f(x)$ 的每个连续点处都收敛于函数 $f(x)$.

事实上,积分号中的第一个分式 $\dfrac{f(x+\alpha) - f(x)}{\alpha}$,在 $\alpha = 0$ 处是变量 α 的连续函数,因为,当 d 取任意正负号,依任意规律趋近于零时,该分式趋近于一定的极限 $f'(x)$. 但是,这个分式,同样在线段 $-\varepsilon \leqslant \alpha \leqslant \varepsilon$ 其他各点 α 处也是连续的,因为只有当被减数 $f(x+\alpha)$ 间断时,这个分式才可能是间断的. 为了使这样的事不发生,我们可以把数 ε 取得很小,使它小于连续点 x 到弧的最近的一个端点的距离. 在这些条件下,$f(x+d)$ 在整条线段 $-\varepsilon \leqslant \alpha \leqslant \varepsilon$ 上显然是连续的.

第二个分式 $\dfrac{\alpha}{2\sin\frac{\alpha}{2}}$ 是线段 $-\varepsilon \leqslant \alpha \leqslant \varepsilon$ 上的连续函数,因为当 α 依任意规律趋近于零时,它趋近于1,而且它在线段 $-\varepsilon \leqslant \alpha \leqslant \varepsilon$ 其他各点处又是连续的.

因此,对于(9)中的积分可引用 §3 中的预备定理 1. 随之,当 $n \to +\infty$ 时,等式(9)的右边是趋近于零的.

这样,我们就有等式

$$\lim_{n \to +\infty} S_n(x) = f(x) \tag{10}$$

它表示傅里叶级数在弧段的每一个内点处都趋近于函数 $f(x)$.

第二种情形　　傅里叶级数在弧段端点 ξ 处的收敛问题.

在这种情形,我们把狄利克雷的截积分(4)分为两部分

$$S_n(\xi) = \frac{1}{\pi} \int_0^{+*} f(\xi+\alpha) \cdot \frac{\sin\left(n + \frac{1}{2}\right)\alpha}{2\sin\frac{\alpha}{2}} d\alpha +$$

$$\frac{1}{\pi}\int_{-\varepsilon}^{0}f(\xi+\alpha)\cdot\frac{\sin\left(n+\frac{1}{2}\right)\alpha}{2\sin\frac{\alpha}{2}}d\alpha+\eta_n=$$

$$I_n'+I_n''+\eta_n \tag{11}$$

其中,我们用 I_n' 表示第一个积分,用 I_n'' 表示第二个积分.

现在我们计算,当 $n\to+\infty$ 时,第一个积分 L_n' 的极限.为此,我们用 $f(\xi+0)$ 乘等式 (6^*),然后由 I_n' 减去它,得

$$I_n'-\frac{f(\xi+0)}{2}=\frac{1}{\pi}\int_0^{\varepsilon}\frac{f(\xi+\alpha)-f(\xi+0)}{\alpha}\cdot\frac{\alpha}{2\sin\frac{\alpha}{2}}\cdot$$

$$\sin\left(n+\frac{1}{2}\right)\alpha d\alpha-\eta_n^{**}f(\xi+0) \tag{12}$$

我们仍然可以说,第一个分式 $\dfrac{f(\xi+\alpha)-f(\xi+0)}{\alpha}$ 是自变量 α 在线段 $0\leqslant\alpha\leqslant\varepsilon$ 上的连续函数.因为,第一,它在 $\alpha=0$ 点是右边连续的,它在这一点的极限等于 $\overset{\frown}{CD}$ 在点 C 的切线斜率;第二,当 ε 取得比间断点 ξ 到最近的其他端点的距离小些时,该分式在线段 $0\leqslant\alpha\leqslant\varepsilon$ 的任何点处都是连续的.

因此,等式(12)右边的积分,根据 §3 中的预备定理 1,当 $n\to+\infty$ 时,趋近于零.由此可知

$$\lim_{n\to+\infty}I_n'=\frac{f(\xi+0)}{2} \tag{13}$$

式(11)中第二个积分 I_n'' 的极限的算法与上述算法完全相同,用 $f(\xi-0)$ 乘等式 (5^*),再由 I_n'' 减去它,得

$$I_n''-\frac{f(\xi-0)}{2}=$$

$$\frac{1}{\pi}\int_{-\varepsilon}^{0}\frac{f(\xi+\alpha)-f(\xi-0)}{\alpha}\cdot\frac{\alpha}{2\sin\frac{\alpha}{2}}\cdot\sin\left(n+\frac{1}{2}\right)\alpha d\alpha-\eta_n^*(\xi-0) \tag{14}$$

因为第一个分式 $\dfrac{f(\xi+\alpha)-f(\xi-0)}{\alpha}$ 在线段 $-\varepsilon\leqslant\alpha\leqslant0$ 上是连续的,所以根据 §3 中的预备定理 1,等式(14)右边的积分,当 $n\to+\infty$ 时,趋近于零.我们有

$$\lim_{n\to+\infty}I_n''=\frac{f(\xi-0)}{z} \tag{15}$$

鉴于当 $n\to+\infty$ 时,等式(11)中的 $\eta_n\to0$,故根据公式(13)及(15),我们最后得到

$$\lim_{n\to+\infty}S_n(\xi)=\frac{f(\xi+0)+f(\xi-0)}{2} \tag{16}$$

这样,我们得到下述重要定理:

基本定理 假若函数 $f(x)$ 在长为 2π 的线段上,可以用有限个连续且在每点都具有切线的弧段来表示,则这种 $f(x)$ 的傅里叶级数,在每一点是收敛的. 假若 x 是函数 $f(x)$ 的连续点,则该傅里叶级数的和等于 $f(x)$. 假若 ξ 是函数 $f(x)$ 的间断点,则该级数的和等于函数 $f(x)$ 在点 ξ 的左右两极限的算术平均值 $\dfrac{f(\xi+0)+f(\xi-0)}{2}$.

例 1 证明:三角级数

$$\sin x + \frac{1}{2}\sin 2x + \frac{1}{3}\sin 3x + \cdots + \frac{1}{n}\sin nx + \cdots$$

处处收敛,在线段 $[0,2\pi]$ 之内其和为 $f(x)=\dfrac{1}{2}(\pi-x)$,在端点处,它收敛于 0.

证明 将所述函数展开为傅里叶级数,我们有

$$a_n = \frac{1}{\pi}\int_0^{2\pi} \frac{1}{2}(\pi-\alpha)\cos n\alpha \, d\alpha = 0, n = 0,1,2,\cdots$$

$$b_n = \frac{1}{\pi}\int_0^{2\pi} \frac{1}{2}(\pi-\alpha)\sin n\alpha \, d\alpha = \frac{1}{n}$$

因此,傅里叶级数具有上面所写的形式,故一定在 $[0,2\pi]$ 之内趋近于 $\dfrac{1}{2}(\pi-x)$. 线段 $[0,2\pi]$ 的端点是被展开的函数的间断点,因为这个函数应该是一个以 2π 为周期的周期函数. 因此,在 $[0,2\pi]$ 的端点处,傅里叶级数之和应该是左右两数值之和的一半,就是说,应等于零(图 1).

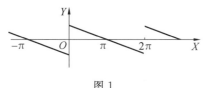

图 1

例 2 函数 $f(x)$ 在 $(0,\pi)$ 之内等于常数 c;在 $(-\pi,0)$ 之内等于常数 $-c$. 试将 $f(x)$ 展开为三角级数(图 2).

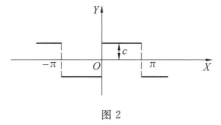

图 2

解 我们有

157

$$a_n = \frac{1}{\pi}\int_{-\pi}^{0} -c\cos n\alpha \, d\alpha + \frac{1}{\pi}\int_{0}^{\pi} c\cos n\alpha \, d\alpha = 0$$

$$b_n = \frac{1}{\pi}\int_{-\pi}^{0} -c\sin n\alpha \, d\alpha + \frac{1}{\pi}\int_{0}^{\pi} c\sin n\alpha \, d\alpha = \begin{cases} \dfrac{4c}{\pi n}, \text{若 } n \text{ 为奇数} \\ 0, \text{若 } n \text{ 为偶数} \end{cases}$$

故级数

$$\frac{4c}{\pi}\left(\sin x + \frac{\sin 3x}{3} + \frac{\sin 5x}{5} + \frac{\sin 7x}{7} + \cdots\right)$$

在$(0,\pi)$内具有和c,而在$(-\pi,0)$内具有和$-c$. 在这些线段的端点处,级数之和是由左右两极限值的算术平均值来决定的,因为这些点是该被展开函数的间断点.

习　　题

1. 展开如图 3 所示的连续函数.

答:$\dfrac{4}{\pi}\left(\sin x - \dfrac{\sin 3x}{3^2} + \dfrac{\sin 5x}{5^2} - \cdots\right)$.

2. 展开如图 4 所示的连续函数.

答:$\dfrac{\pi}{4} - \dfrac{2}{\pi}\left(\cos 2x + \dfrac{\cos 6x}{3^2} + \dfrac{\cos 10x}{5^2} + \cdots\right)$.

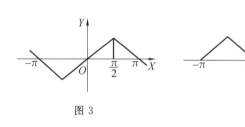

图 3

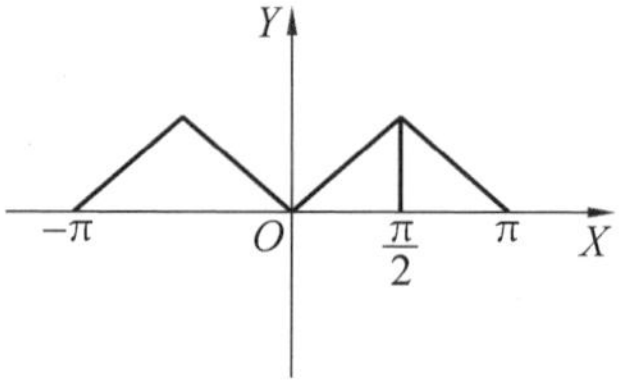

图 4

3. 证明:在$[-\pi,\pi]$上,级数

$$\sin x - \frac{\sin 2x}{2} + \frac{\sin 3x}{3} - \frac{\sin 4x}{4} + \cdots$$

之和为$\dfrac{x}{2}$.

4. 证明:在$[-\pi,\pi]$上,级数

$$\cos x - \frac{\cos 2x}{4} + \frac{\cos 3x}{9} - \frac{\cos 4x}{16} + \cdots$$

表示$\dfrac{\pi^2}{12} - \dfrac{x^2}{4}$.

5. 证明:在 $\left[-\dfrac{\pi}{2},\dfrac{\pi}{2}\right]$ 上

$$\frac{\pi}{4}=\cos x-\frac{\cos 3x}{3}+\frac{\cos 5x}{5}-\cdots$$

6. 证明:在 $\left[-\dfrac{\pi}{2},\dfrac{\pi}{2}\right]$ 上

$$\frac{\pi x}{4}=\sin x-\frac{\sin 2x}{3^{2}}+\frac{\sin 5x}{5^{2}}-\cdots$$

§6　谐　量　分　析

对于纯周期现象的一般研究,常称为谐量分析.例如,电工中交流电机电压变化的现象,声学中的音调,医学中的心电线,天文学中的变星现象等,都是这种现象.设有某个随时间变化的现象 $f(x)$,假定它是周期性的,周期为 P,我们常常"分解"这个现象,把它展开为简单的周期性"分量"(通常取这种"分量"为谐量),就是说把它展开为按正弦及余弦规律变化的分量: $a_{n}\cos\dfrac{2\pi n}{p}t+b_{n}\sin\dfrac{2\pi n}{p}t$.这个表达式称为 n 阶谐量或第 n 个谐量.

当我们想把某个以 P 为周期的周期现象 $f(t)$ 展开为简单谐量时,写出等式

$$f(t)=\frac{a_{0}}{2}+\left(a_{1}\cos\frac{2\pi}{P}t+b_{1}\sin\frac{2\pi}{P}t\right)+\cdots+$$
$$\left(a_{n}\cos\frac{2\pi n}{P}t+b_{n}\sin\frac{2\pi n}{P}t\right)+\cdots \tag{1}$$

然后按傅里叶公式

$$\begin{cases}a_{n}=\dfrac{2}{P}\displaystyle\int_{0}^{P}f(\alpha)\cos\dfrac{2\pi}{P}n\alpha\,\mathrm{d}\alpha\\[2mm]b_{n}=\dfrac{2}{P}\displaystyle\int_{0}^{P}f(\alpha)\sin\dfrac{2\pi}{P}n\alpha\,\mathrm{d}\alpha\end{cases},n=0,1,2,3,\cdots \tag{2}$$

来确定展开式中的系数 a_{n} 与 b_{n}.

这些公式,可以用简单置换 $x=\dfrac{2\pi}{P}t$,从上面所给的傅里叶公式推得.

要使计算简化一点,我们可以依照下面的想法来做:在偶函数 $f(t)$[亦即以 $-t$ 代 t 时函数值不变的那种函数, $f(t)=f(-t)$]的情形,傅里叶级数中只应该有余弦项,而不应该有正弦项,因为正弦项的系数 b_{n} 这时都等于零.反过来,若 $f(t)$ 是奇函数,亦即为 $f(t)=-f(t)$ 的这种函数,则不会有余弦项,而只留

下正弦项.

上面写的展开式(1),在每个长为周期 P 的线段上都成立. 一般在线段 $[0,P]$ 或 $\left[-\dfrac{P}{2},\dfrac{P}{2}\right]$ 上来应用这个展开式.

为了完全摆脱计算,人们常应用特别的仪器,所谓谐量分析器,直接用针描一遍实验得出的周期性曲线 $f(t)$,这种谐量分析器就会给出 $f(t)$ 的傅里叶级数中的许多系数(好的仪器可以给出 45 个谐量). 有时候用的不是机械方法,而是用险极射线、共振等方法来做.

§7　关于误差的最小平均二乘方值

还有一个问题,也是归结于傅里叶级数的系数的. 设 $f(x)$ 是处处连续的周期函数,周期为 2π. 我们用 $T_n(x)$ 表示任意一个三角多项式

$$T_n(x)=\frac{a_0}{2}+(a_1\cos x+b_1\sin x)+\cdots+$$
$$(a_n\cos nx+b_n\sin nx) \tag{1}$$

假若我们用 $T_n(x)$ 代替函数 $f(x)$,则我们就有某个误差. 现在要估计这个误差. 为此,我们写出积分

$$I=\int_0^{2\pi}[f(x)-T_n(x)]^2\,\mathrm{d}x \tag{2}$$

并称之为误差的平均二乘方值.

若对于某个三角多项式 $T_n(x)$ 来说,这个误差很大,则用 $T_n(x)$ 来作为函数 $f(x)$ 的近似表达式就不适宜,也许对于另一些多项式,误差会小些. 现在的问题就是要找出这种三角多项式 $T_n(x)$,使它所引起的误差最小.

为此,要适当地选取系数 $a_0,a_1,b_1,\cdots,a_n,b_n$,使积分 I 的值最小. 这个积分 I 是 $2n+1$ 个实变量的函数,所以我们应当按多变量函数原理来求它的极小值,也就是要写出方程

$$\frac{\partial I}{\partial a_k}=0 \text{ 及 } \frac{\partial I}{\partial b_k}=0 \tag{3}$$

这里 $k=0,1,2,\cdots,n$.

显然我们有

$$\begin{cases}\dfrac{\partial I}{\partial a_k}=-\int_0^{2\pi}2[f(x)-T_n(x)]\cdot\cos kx\,\mathrm{d}x\\[2mm]\dfrac{\partial I}{\partial b_k}=-\int_0^{2\pi}2[f(x)-T_n(x)]\cdot\sin kx\,\mathrm{d}x\end{cases} \tag{4}$$

由式子算出来

$$\frac{\partial I}{\partial a_k} = -2\int_0^{2\pi} f(\alpha)\cos k\alpha \, d\alpha + 2\int_0^{2\pi} T_n(\alpha)\cos k\alpha \, d\alpha =$$

$$-2\int_0^{2\pi} f(\alpha)\cos k\alpha \, d\alpha + 2\pi a_k$$

同样有
$$\frac{\partial I}{\partial b_k} = -2\int_0^{2\pi} f(\alpha)\sin n\alpha \, d\alpha + 2\pi b_k$$

根据等式(3),我们应该有

$$\begin{cases} a_k = \dfrac{1}{\pi}\displaystyle\int_0^{2\pi} f(\alpha)\cos k\alpha \, d\alpha \\[2mm] b_k = \dfrac{1}{\pi}\displaystyle\int_0^{2\pi} f(\alpha)\sin k\alpha \, d\alpha \end{cases} \tag{5}$$

这就是傅里叶公式.

因此,在所有的三角多项式 $T_n(x)$ 中,只有一个能使误差的平均二乘方最小,这个三角多项式的系数就是傅里叶系数.

C. A. 恰普雷金院士的微分方程近似积分法

§1 C. A. 恰普雷金微分不等式

在所给微分方程

$$\frac{\mathrm{d}y}{\mathrm{d}x} = f(x, y) \tag{1}$$

中，我们假设右边的函数 $f(x, y)$ 是 XOY 平面某部分的连续函数，并在该部分平面上满足某种条件，以保证(1)的积分是唯一的. 例如，我们就可以假定在该部分平面上 $\frac{\partial f}{\partial y}$ 处处具有有限的数值. 在这种假设之下，所论那部分平面(图1)上的每一点 $M_0(x_0, y_0)$ 处，就一定有一条唯一的积分曲线通过. 因此，为了满足实用上的需要，我们必须找出另一条曲线，这条曲线既要是已知的，又要通过同一点 $M_0(x_0, y_0)$，还要一定与那条未知积分曲线足够接近，使得在实用上我们就可以取这条近似曲线的纵坐标来代替积分曲线 $y = f(x)$ 的纵坐标.

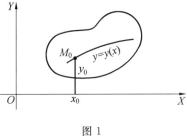

图 1

求近似曲线时,C. A.恰普雷金的一个极妙而简单的定理,即积分不等式定理,是很有用的.

下面就是这个定理:

若连续曲线 $y = v(x)$ 通过点 $M_0(x_0, y_0)$,且在该曲线上微分不等式 $\dfrac{\mathrm{d}v}{\mathrm{d}x} - f(x, v) > 0$ 处处成立,则当 $x > x_0$ 时,该曲线 $y = v(x)$ 位于通过同一点 M_0 的积分曲线 $y = y(x)$ 之上.同样,若在通过点 M_0 的连续曲线 $y = u(x)$ 上,微分不等式 $\dfrac{\mathrm{d}u}{\mathrm{d}x} - f(x, u) < 0$ 成立,则这条曲线 $y = u(x)$ 就位于上述积分曲线 $y = f(x)$ 之下.

C. A.恰普雷金

证明　首先我们知道曲线 $y(x)$ 与 $v(x)$ 都从点 M_0 出发,故 $y_0 = y(x_0) = v_0(x) = v_0$,因而

$$f(x_0, v_0) = f(x_0, y_0) = \left(\frac{\mathrm{d}y}{\mathrm{d}x}\right)_{x = x_0}$$

微分不等式

$$\frac{\mathrm{d}v}{\mathrm{d}x} > f(x, v)$$

则

$$\left(\frac{\mathrm{d}v}{\mathrm{d}x}\right)_{x = x_0} > f(x_0, v_0) = \left(\frac{\mathrm{d}y}{\mathrm{d}x}\right)_{x = x_0}$$

这表明曲线 $v(x)$ 在点 x_0 处对水平线的倾斜度大于曲线 $y(x)$ 的对应倾斜度.由此可知,曲线 $v(x)$ 从始点 M_0 起,无疑是在积分曲线 $y(x)$ 之上.这个定理的要点在于:曲线 $v(x)$ 一直延伸下去的时候,绝不会与积分曲线 $y(x)$ 相交,因而之后它必定一直位于积分曲线之上.事实上,如果曲线 $v(x)$ 与积分曲线 $y(x)$ 相交,那么这些交点之中总有第一个交点.假设第一个交点是 $M_1(x_1, y_1)$.但根据微分不等式,在点 M_1 处与在点 M_0 处一样,我们必定有不等式 $\left(\frac{\mathrm{d}v}{\mathrm{d}x}\right)_{x = x_1} > \left(\frac{\mathrm{d}y}{\mathrm{d}x}\right)_{x = x_1}$,这表明曲线 $v(x)$ 在点 x_1 处的倾斜度也比曲线 $y(x)$ 的

163

对应倾斜度大些. 但这是不可能的,因为在这种情形下,在点 M_1 左边,曲线应位于积分曲线之下,而这就表示点 M_1 不是两条曲线 $v(x)$ 与 $y(x)$ 在点 M_0 之后的第一个交点(图 2).

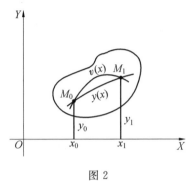

图 2

所以,只要微分不等式 $\dfrac{\mathrm{d}v}{\mathrm{d}x} - f(x,v) > 0$ 一直成立,我们就一定有普通不等式 $v(x) > y(x)$.

同样,只要微分不等式 $\dfrac{\mathrm{d}u}{\mathrm{d}x} - f(x,u) < 0$ 成立,且曲线 $u(x)$ 通过始点 M_0,我们就必定有普通不等式 $u(x) < y(x)$.

§2 C. A. 恰普雷金法

给定了一个微分方程

$$\frac{\mathrm{d}y}{\mathrm{d}x} = f(x,y) \tag{1}$$

除了极少有的情形,通常它都是积不出来的. 因此,当我们用任意选取的函数 $z(x)$ 代替微分方程(1)中的未知函数 $y(x)$ 时,就总得到不等式

$$\frac{\mathrm{d}z}{\mathrm{d}x} - f(x,z) > 0 (<0)$$

C. A. 恰普雷金微分不等式之所以重要,是因为我们根据微分不等式的不等号,就可以断定所取的曲线 $z(x)$ 是在未知的积分曲线的哪一边. 如果不等号是">",那么 $z(x)$ 就在 $y(x)$ 之上;如果不等号是"<",那么 $z(x)$ 就在 $y(x)$ 之下(图 1).

如果有通过始点 M_0 的一对曲线 $[v(x), u(x)]$,其中第一条曲线满足不等式

$$\frac{\mathrm{d}v}{\mathrm{d}x} - f(x,v) > 0 \tag{2}$$

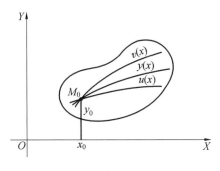

图 1

而第二条曲线满足不等式

$$\frac{\mathrm{d}u}{\mathrm{d}x} - f(x,u) < 0 \tag{3}$$

那么我们就知道第一条曲线 $v(x)$ 必定位于第二条曲线 $u(x)$ 之上（始点 M_0 除外），而且知道未知的积分曲线 $y(x)$ 一定要夹在这两条曲线之间（图 2）.

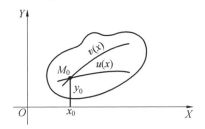

图 2

满足微分方程（2）与（3）的这样一对曲线叫作第一对曲线，并缩写为 $[u, v]$. 它之所以叫第一对，是因为我们可以根据一定的法则，从这一对起，一对接着一对地导出以后的各对曲线

$$[u_1, v_1], [u_2, v_2], [u_3, v_3], \cdots, [u_n, v_n], \cdots \tag{4}$$

使这些对曲线也都满足微分不等式

$$\frac{\mathrm{d}u_n}{\mathrm{d}x} - f(x, u_n) < 0, \frac{\mathrm{d}v_n}{\mathrm{d}x} - f(x, v_n) > 0$$

而且越来越紧密地夹住了所求的积分曲线 $y(x)$（图 3）.

这样，所有以后的各对曲线，是不必再花时间去找的，因为它们都可以按一定的法则求出来. 只可惜找第一对曲线 $[u, v]$ 时，没有任何法则，所以应当从其他方面考虑，如从几何方面或代数方面考虑，来得出第一对曲线.

显然，与积分曲线 $y(x)$ 本身延伸得一样远的第一对曲线 $[u, v]$ 是存在的. 这是因为，对于任何正的 $\varepsilon, \varepsilon > 0$，两个微分方程

$$\frac{\mathrm{d}v}{\mathrm{d}x} = f(x, v) + \varepsilon \ \ \text{及} \ \frac{\mathrm{d}u}{\mathrm{d}x} = f(x, u) - \varepsilon \tag{5}$$

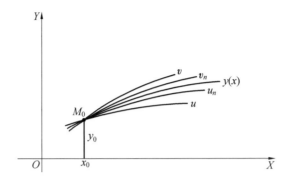

图 3

就分别给出了第一对曲线 $[u,v]$ 中在上面的曲线 $v(x)$ 与在下面的曲线 $u(x)$，因 $\dfrac{\mathrm{d}v}{\mathrm{d}x}-f(x,v)>0$，而 $\dfrac{\mathrm{d}u}{\mathrm{d}x}-f(x,u)<0$.

遗憾的是，(5) 中的两个微分方程与原方程 (1) 一样难积.

这时我们要注意下面所讲的内容：如果能找出两个连续函数 $f_1(x,y)$ 及 $f_2(x,y)$，把所给连续函数 $f(x,y)$ 夹在中间，也就是

$$f_1(x,y)<f(x,y)<f_2(x,y) \tag{6}$$

而且，所找的这两个函数 f_1 及 f_2，能使

$$\frac{\mathrm{d}y}{\mathrm{d}x}=f_1(x,y) \ \text{及} \ \frac{\mathrm{d}y}{\mathrm{d}x}=f_2(x,y) \tag{7}$$

这两个微分方程很容易积出来，那么，通过始点 $M_0(x_0,y_0)$，它们的积分曲线 $U(x)$ 及 $V(x)$，有

$$\frac{\mathrm{d}U}{\mathrm{d}x}=f_1(x,U),\frac{\mathrm{d}V}{\mathrm{d}x}=f_2(x,V) \tag{8}$$

形成了一对曲线 $[U,V]$，从上下两边夹住所给微分方程 (1) 的所求积分曲线 $y(x)$.

事实上，从代数不等式 (6) 及微分方程 (8)，可得两个微分不等式

$$\frac{\mathrm{d}U}{\mathrm{d}x}-f(x,U)<0 \ \text{及} \ \frac{\mathrm{d}V}{\mathrm{d}x}-f(x,V)>0 \tag{9}$$

上面所讲作出无穷对曲线 (4)，把未知的积分曲线 $y(x)$ 越来越紧地夹在里面的 C. A. 恰普雷金法，就在于选择合适的函数 $f_1(x,y)$ 及 $f_2(x,y)$，使微分方程 (7) 是容易积出来的. 为此，C. A. 恰普雷金采用线性微分方程，即

$$\frac{\mathrm{d}y}{\mathrm{d}x}=Ay+B \tag{10}$$

形式的微分方程，其中 A 及 B 只依赖于 x.

§3　无限近似法

为使作出逐渐夹紧的各对曲线(4)时可以只限于用线性微分方程(10),C. A.恰普雷金做了一个合情合理的假定,即假定导数 $\dfrac{\partial^2 f}{\partial y^2}$ 在所论那部分 XOY 平面上是不变号的. 在这个假定之下,若用垂直于 OX 轴的平面来割曲面 $\zeta = f(x,y)$,则割线或是凹的 $\left(\dfrac{\partial^2 f}{\partial y^2} > 0\right)$,或是凸的 $\left(\dfrac{\partial^2 f}{\partial y^2} < 0\right)$.

在图 1 及图 3 中所画的就是这两种情形. 在第一种情形下, $\dfrac{\partial^2 f}{\partial y^2}$ 是正的,在第二种情形下, $\dfrac{\partial^2 f}{\partial y^2}$ 是负的.

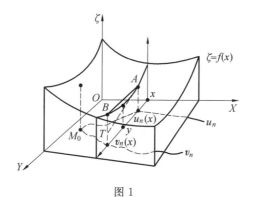

图 1

作好了满足微分不等式

$$\frac{\mathrm{d}u_n}{\mathrm{d}x} - f(x, u_n) < 0 \text{ 及 } \frac{\mathrm{d}v_n}{\mathrm{d}x} - f(x, v_n) > 0 \tag{1}$$

的第 n 段曲线 $[u_n(x), v_n(x)]$ 之后,我们就看到:当 x 及在 $u_n(x) \leqslant y \leqslant v_n(x)$ 内变动的变量 y 给定时,曲线 $\zeta = f(x,y)$ 的 $\overparen{AB}$ 就夹在 AB 弦及端点 A(或 B)处的切线 AT(或 BT)之间. 在图 2 及 4 中,我们把以前(即在图 1 及 3 中)所作的通过空间中点 x 垂直于 OX 轴的剖面,画在 XOY 平面上. 从图 2 及 4,我们一看就明白,当 x 及在 $u_n(x) \leqslant y \leqslant v_n(x)$ 内变动的变量 y 任意给定时,函数 $\zeta = f(x,y)$ 的数值是夹在变量 y 的两个线性函数 $L_1(y)$ 及 $L_2(y)$ 之间的,其中

$$L_1(y) = \frac{f(x, v_n) - f(x, u_n)}{v_n - u_n}(y - u_n) + f(x, u_n) \tag{2}$$

及

$$L_2(y) = f'_y(x, u_n)(y - u_n) + f(x, u_n) \tag{3}$$

这是因为 $L_1(y)$ 表示弦 AB 在点 y 处的纵坐标,而 $L_2(y)$ 则表示切线 AT 在点 y 处的纵坐标.

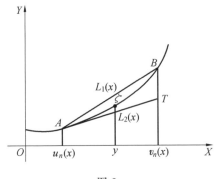

图 2

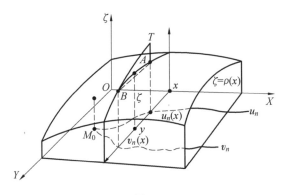

图 3

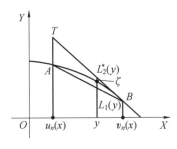

图 4

如果切线取在点 B 处,那么函数 $L_2(y)$ 应改为函数

$$L_2^*(y) = f_y'(x, v_n)(y - v_n) + f(x, v_n) \tag{3*}$$

由此可知,若写出两个关于 y 为线性的微分方程

$$\frac{\mathrm{d}y}{\mathrm{d}x} = L_1(y) \text{ 及 } \frac{\mathrm{d}y}{\mathrm{d}x} = L_2(y) \tag{4}$$

或

$$\frac{\mathrm{d}y}{\mathrm{d}x} = L_1(y) \ \text{及} \ \frac{\mathrm{d}y}{\mathrm{d}x} = L_2^*(y) \tag{4^*}$$

则 §2 中微分方程(1)的所求积分曲线 $y(x)$,就会夹在(4)或(4^*)中两个微分方程通过始点 $M_0(x_0, y_0)$ 的积分曲线 $y_1(x)$ 及 $y_2(x)$ 之间.

故若在 $y_1(x)$ 及 $y_2(x)$ 这两条积分曲线中,用 $v_{n+1}(x)$ 表示在上面的那一条,用 $u_{n+1}(x)$ 表示在下面的那一条,则我们就得到代数不等式

$$u_{n+1}(x) < y(x) < v_{n+1}(x) \tag{5}$$

这个不等式表明,我们已经作出一对曲线 $[u_{n+1}(x), v_{n+1}(x)]$,而且作这一对曲线时,只需要积出(4)或(4^*)中的两个线性微分方程. 就是说,作这一对曲线的工作,从原则上讲没有任何理论上的困难,因为作的时候只用到不定积分法. 我们都知道,积一阶线性微分方程时,只要做出不定积分就行.

如要证明从前一对曲线 $[u_n(x), v_n(x)]$ 作出的新的一对曲线 $[u_{n+1}(x), v_{n+1}(x)]$,确实是夹在前一对曲线之内的,我们只要应用 C. A. 恰普雷金的微分不等式定理就行了.

证明时,我们只要分别考察两种情形:第一,$\frac{\partial^2 f}{\partial y^2} > 0$ 的情形;第二,$\frac{\partial^2 f}{\partial y^2} < 0$ 的情形.

在第一种情形下,我们从方程(4)定出 $v_{n+1}(x)$ 及 $u_{n+1}(x)$ 的两个函数. 这时的曲线如图 2 所示. 从这个图上,立刻可以看出 $y_1(x) > y_2(x)$,故有 $v_{n+1}(x) = y_1(x)$ 及 $u_{n+1}(x) = y_2(x)$. 于是有

$$\frac{\mathrm{d}v_{n+1}}{\mathrm{d}x} - L_1(v_{n+1}) = 0 \ \text{及} \ \frac{\mathrm{d}u_{n+1}}{\mathrm{d}x} - L_2(u_{n+1}) = 0$$

现在,在这两个等式中,分别用函数 v_n 代替 v_{n+1},用函数 u_n 代替 u_{n+1}. 于是根据所设不等式(1),得到微分不等式

$$\frac{\mathrm{d}v_n}{\mathrm{d}x} - L_1(v_n) = \frac{\mathrm{d}v_n}{\mathrm{d}x} - f(x, v_n) > 0$$

及

$$\frac{\mathrm{d}u_n}{\mathrm{d}x} - L_2(u_n) = \frac{\mathrm{d}u_n}{\mathrm{d}x} - f(x, u_n) < 0$$

这就说明 $v_n(x) > v_{n+1}(x)$ 及 $u_n(x) < u_{n+1}(x)$,也就是,表明了所推出的一对曲线 $[u_{n+1}, v_{n+1}]$ 确实夹在前一对曲线 $[u_n, v_n]$ 的中间.

在第二种情形下,我们从方程(4^*)来定出函数 $v_{n+1}(x)$ 及 $u_{n+1}(x)$. 这时的曲线如图 3 所示. 从图中显然可以看出 $y_1(x) < y_2(x)$,故

$$v_{n+1}(x) = y_2(x) \ \text{及} \ u_{n+1}(x) = y_1(x)$$

于是我们得到

$$\frac{\mathrm{d}v_{n+1}}{\mathrm{d}x} - L_2^*(v_{n+1}) = 0 \ \text{及} \ \frac{\mathrm{d}u_{n+1}}{\mathrm{d}x} - L_1(u_{n+1}) = 0$$

现在,在这两个等式中,分别用函数 $v_n(x)$ 代替 $v_{n+1}(x)$,用函数 $u_n(x)$ 代替 $u_{n+1}(x)$,得到

$$\frac{\mathrm{d}v_n}{\mathrm{d}x} - L_2^*(v_n) = \frac{\mathrm{d}v_n}{\mathrm{d}x} - f(x, v_n)$$

及

$$\frac{\mathrm{d}u_n}{\mathrm{d}x} - L_1(u_n) = \frac{\mathrm{d}u_n}{\mathrm{d}x} - f(x, u_n)$$

根据不等式(1),可知上面第一式是正的,第二式是负的.

所以,在第二种情形下,新作出的一对曲线 $[u_{n+1}, v_{n+1}]$ 也夹在前一对曲线 $[u_n, v_n]$ 的中间.

于是我们证明了:C. A. 恰普雷金所指出的,不断地列出并积出一阶线性微分方程,可以得出无限多的一对对曲线

$$[u_1, v_1], [u_2, v_2], [u_3, v_3], \cdots, [u_n, v_n], \cdots$$

这些对曲线都通过始点 $M_0(x_0, y_0)$,其中每一对曲线都夹住了它以后的所有各对曲线,并且越来越紧密地夹住了所求的积分曲线 $y(x)$.

现在还要知道这种方法的快慢如何,就是说,要知道这样做下去,向未知的积分曲线收敛得快不快.

§4 C. A. 恰普雷金法收敛的快慢程度

为了估计 C. A. 恰普雷金法第 n 步的近似度,也就是,为了估计 $v_{n+1}(x) - u_{n+1}(x) = \delta_{n+1}(x)$ 的大小,我们应该参看 §3 中微分方程(4),因为它中的一个方程给出了位于上方的函数 $v_{n+1}(x)$,而另一个方程则给出了位于下方的函数 $u_{n+1}(x)$. 应用拉格朗日中值定理,把线性函数 $L_1(y)$ 写成更便于应用的形式[与 §3 中方程(4*)的讨论相似]

$$L_1(y) = f_y'(x, z)(y - u_n) + f(x, u_n)$$

其中 z 是在 u_n 及 v_n 之间的一个数,$u_n \leqslant z \leqslant v_n$. 但由于 $f_y'(x, z) = f_y'(x, u_n) + (z - u_n) f_{y^2}''(x, \zeta)$,其中 ζ 是 u 及 z 之间的数,因此它也是 u_n 及 v_n 之间的数,$u_n \leqslant \zeta \leqslant v_n$,故得

$$L_1(y) = f_y'(x, u_n) \cdot (y - u_n) + f(x, u_n) + f_{y^2}''(x, \zeta) \cdot (z - u_n)(y - u_n) \tag{1}$$

现在,从 §3 中微分方程(4)给出 v_{n+1} 的微分方程,减去给出 u_{n+1} 的另一个微分方程,我们就得到

$$\frac{\mathrm{d}\delta_{n+1}(x)}{\mathrm{d}x} = f_y'(x, u_n) \cdot \delta_{n+1}(x) \pm f_{y^2}''(x, \zeta) \cdot (z - u_n)(y - u_n) \tag{2}$$

这里,当我们从 §3 中微分方程(4)的第一个微分方程减去第二个微分方程时,(2)右边第二项前面取加号;当我们反过来从 §3 中微分方程(4)的第二个方程减去第一个方程时,(2)右边第二项前面取减号.

用 λ 及 μ 来记两个正数,分别比所论那部分 XOY 平面上的绝对值 $|f_y'(x,y)|$ 及 $|f_{y^2}''(x,y)|$ 大

$$|f_y'(x,y)| < \lambda, \quad |f_{y^2}''(x,y)| < \mu$$

并注意:数 y 及 z 在数 u_n 及 v_n 之间,又 $\delta_{n+1}(x)$ 是正的,所以从等式(2)可得不等式

$$\frac{\mathrm{d}\delta_{n+1}(x)}{\mathrm{d}x} < \lambda \delta_{n+1}(x) + \mu \delta_n^2(x) \tag{3}$$

因为我们显然有

$$|z - u_n| < \delta_n(x) \quad \text{及} \quad |y - u_n| < \delta_n(x) \tag{4}$$

如果我们现在不考虑函数 $\delta_{n+1}(x)$ 的微分不等式(3),而用暂时还不知道,但在 $x=x_0$ 时等于零的函数 $\Delta_{n+1}(x)(\Delta_{n+1}(x_0)=0)$,来考虑它的线性微分方程

$$\frac{\mathrm{d}\Delta_{n+1}(x)}{\mathrm{d}x} = \lambda \Delta_{n+1}(x) + \mu \Delta_n^2(x) \tag{5}$$

那么,根据 C. A. 恰普雷金的微分不等式定理,便可知当代数不等式

$$\delta_{n+1}(x) < \Delta_{n+1}(x) \tag{6}$$

成立时,必可得代数不等式

$$\delta_n(x) < \Delta_n(x) \tag{7}$$

为证明这件事,只需取一个满足初始条件 $\omega(x_0)=0$ 的辅助微分方程

$$\frac{\mathrm{d}\omega(x)}{\mathrm{d}x} - \lambda \omega(x) - \mu \delta_n^2(x) = 0 \tag{8}$$

在这个微分方程中,用函数 $\delta_{n+1}(x)$ 置换函数 $\omega(x)$ 的结果,因为(8)的关系可得微分不等式

$$\frac{\mathrm{d}\delta_{n+1}(x)}{\mathrm{d}x} - \lambda \delta_{n+1}(x) - u \delta_n^2(x) < 0$$

所以代数不等式

$$\delta_{n+1}(x) < \omega(x) \tag{9}$$

应该处处成立.

另外,在微分方程(9)中,用函数 $\Delta_{n+1}(x)$ 置换 $\omega(x)$ 后,所得结果是正的,故有

$$\frac{\mathrm{d}\Delta_{n+1}(x)}{\mathrm{d}x} - \lambda \Delta_{n+1}(x) - \mu \delta_n^2(x) =$$

$$\frac{\mathrm{d}\Delta_{n+1}(x)}{\mathrm{d}x} - \lambda \Delta_{n+1}(x) - \mu \Delta_n^2(x) + \mu \Delta_n^2(x) - \mu \delta_n^2(x) =$$

$$\mu[\Delta_n^2(x) - \delta_n^2(x)] = \mu[\Delta_n(x) + \delta_n(x)][\Delta_n(x) - \delta_n(x)] > 0$$

所以,我们应有代数不等式

$$\omega(x) < \Delta_{n+1}(x) \tag{10}$$

比较不等式(9)及(10),最后得

$$\delta_{n+1}(x) < \Delta_{n+1}(x)$$

这样,估计 C. A. 恰普雷金法收敛的快慢程度时,只需要用初始条件 $\Delta_{n+1}(x_0) = 0$ 定出函数 $\Delta_{n+1}(x)$,并把它前面的函数 $\Delta_n(x)$ 当作是已知的,然后把线性方程(4)积出来就行了,积出来后,得到

$$\Delta_{n+1}(x) = e^{\lambda x} \int_{x_0}^{x} \mu \Delta_n^2(t) e^{-\lambda t} dt$$

或

$$\Delta_{n+1}(x) = \mu \int_{x_0}^{x} e^{\lambda(x-t)} \Delta_n^2(t) dt \tag{11}$$

我们假定,所讨论的 §2 中微分方程(1)的近似积分法,是在预先给定的线段 $x_0 \leqslant x \leqslant x_1$ 上做的.

所以,这条线段的长度是我们的已知常量,用 L 来记,$L > 0$,也就是,$x_1 - x_0 = L$. 其他正的已知常量是前面所讲的常量 λ 及 μ,$\lambda > 0$,$\mu > 0$. L,λ,μ,这三个常量是我们的基本常量.

记住了这件事之后,为方便计算,我们引入三个正的常量 K,C 及 ε,这是三个辅助(不是基本)常量,因为它们可用基本常量来表示,即我们设

$$\begin{cases} K = \mu e^{\lambda L} \\ C = \dfrac{1}{2KL} \\ \varepsilon = \dfrac{1}{2L} \end{cases} \tag{12}$$

由于式(11)中的字母 x 及 t 表示线段 $[x_0, x_1]$ 内的数,因此差 $x - t$ 既是正数,又不会超过线段的长度 L. 所以从等式(11)可得不等式

$$\Delta_{n+1}(x) < K \int_{x_0}^{x} \Delta_n^2(t) dt \tag{13}$$

现在假定,对于任何非负的整数 n 来说,不等式

$$\Delta_n(x) < C[\varepsilon(x - x_0)]^{2^n - 1} \tag{14}$$

在线段 $[x_0, x_1]$ 上的任何 x 处都成立. 于是就有明显的不等式

$$\Delta_n^2(t) < C^2[\varepsilon(t - x_0)]^{2^{n+1} - 2}$$

这样就可把不等式(13)改写为

$$\Delta_{n+1}(x) < K \int_{x_0}^{x} C^2[\varepsilon(t - x_0)]^{2^{n+1} - 2} dt \tag{15}$$

求出定积分后,不等式(15)的右边变为

$$\frac{KC^2 \varepsilon^{2^{n+1} - 2}(x - x_0)^{2^{n+1} - 1}}{2^{n+1} - 1} = \frac{KC^2[\varepsilon(x - x_0)]^{2^{n+1} - 1}}{\varepsilon(2^{n+1} - 1)}$$

由于根据(12)中的第二及第三式我们显然有 $KC = \varepsilon$，又由于对任何 n 来说，数 $2^{n+1} - 1$ 总是正整数，因此不等式(15)可改写成简单的形式

$$\Delta_{n+1}(x) < C[\varepsilon(x - x_0)]^{2^{n+1}-1} \tag{16}$$

由此可推出重要的结论：

公式(14)，在我们假定它对数 n 成立之后，当数 n 增加 1 时，也必定是成立的。因此，对于数 n 后面的一切数值，式(14)都成立。

特别是，当我们在线段 $[x_0, x_1]$ 上选取满足 C. A. 恰普雷金微分不等式

$$\frac{\mathrm{d}u}{\mathrm{d}x} - f(x, u) < 0, \frac{\mathrm{d}v}{\mathrm{d}x} - f(x, v) > 0$$

的第一对函数 $[u_n(x), v_n(x)]$ 时，只要使它们所给出的第一个近似度

$$\delta(x) = \Delta(x) = v(x) - u(x)$$

在整个线段 $[x_0, x_1]$ 上都小于常量 C，即

$$\delta(x) < C$$

我们就能使根据 C. A. 恰普雷金法之后得出来的一切近似度，也必定都在该线段上适合不等式

$$\delta_n(x) < \Delta_n(x) < C[\varepsilon(x - x_0)]^{2^n-1} \tag{17}$$

为估计用这个方法时收敛的快慢程度，只要注意：在线段 $[x_0, x_1]$ 上有 $0 \leqslant x - x_0 \leqslant L$，又根据公式(12)有 $\varepsilon = \dfrac{1}{2L}$。于是

$$\delta_n(x) < C\left[\frac{1}{2}\right]^{2^n-1} = \frac{2C}{2^{2^n}} \tag{18}$$

如果我们把这个收敛速度，与古典数学分析中所用各种近似方法的收敛速度比较一下，那么，C. A. 恰普雷金法惊人的收敛速度就可以显得很突出了。在古典数学分析中，当近似度为几何级数时，也就是，当近似度的分母中有 2^n 这种数时，我们就认为已经达到很好的收敛速度了。如果能够证明近似度的分母中含有阶乘数 $n! = 1 \cdot 2 \cdot 3 \cdot \cdots \cdot n$，那么就可以认为这种收敛速度已经超出了一切要求。但在我们所讲的 C. A. 恰普雷金法中，近似度的分母是一个费马数 2^{2^n}，这个数的增大率，甚至用阶乘数 $n!$ 来比也是远远比不过的。所以，就收敛速度之快这方面来说，C. A. 恰普雷金法实在是无与伦比。

当然，我们还得到更快的收敛方法，至少把某个收敛级数中只保留适当地方的一部分项不动，而用零置换所有其他项后，就能得到这种方法。C. A. 恰普雷金是一名几何学家，不习惯做些人为的例子来肯定某种思想。他所研究的，通常是在实际推导过程中自然得出的那种方法。

173